亲子短视频创作

从新手到高手

徐智凤 编著

清华大学出版社
北京

内 容 简 介

本书从一个全职妈妈的角度，结合作者所学的相关系统知识和三年亲子短视频拍摄的经验，为读者介绍一套简单易懂的亲子短视频拍摄方法。

本书共10章，包括策划拍摄亲子短视频脚本，拍摄的基本景别和构图技巧的实际运用，剪映和达芬奇等剪辑软件的进阶实操；讲解低月龄宝宝和1~2岁儿童不同场景不同主题的拍摄方法以及剪辑组接技巧；还讲解借助拉片学习的方法，运用达芬奇剪辑软件对电影色调进行仿色等内容。

本书适用于想要随时记录小朋友成长视频的新手父母、初涉视频领域的新手、想要掌握一项视频拍摄和剪辑技能的宝爸宝妈，以及想要增加视频拍摄技能的家庭日记儿童摄影师阅读学习。

版权所有，侵权必究。举报：010-62782989，beiqinquan@tup.tsinghua.edu.cn。

图书在版编目(CIP)数据

亲子短视频创作从新手到高手 / 徐智凤编著.
北京：清华大学出版社, 2025.3. -- (从新手到高手).
ISBN 978-7-302-68719-1

Ⅰ.TN948.4

中国国家版本馆CIP数据核字第2025V3N353号

责任编辑： 陈绿春
封面设计： 潘国文
版式设计： 方加青
责任校对： 胡伟民
责任印制： 丛怀宇

出版发行：清华大学出版社
网　　址：https://www.tup.com.cn, https://www.wqxuetang.com
地　　址：北京清华大学学研大厦A座　　邮　编：100084
社 总 机：010-83470000　　　　　　　邮　购：010-62786544
投稿与读者服务：010-62776969, c-service@tup.tsinghua.edu.cn
质 量 反 馈：010-62772015, zhiliang@tup.tsinghua.edu.cn

印 装 者：三河市铭诚印务有限公司
经　　销：全国新华书店
开　　本：188mm×260mm　　印　张：13　　字　数：425千字
版　　次：2025年5月第1版　　印　次：2025年5月第1次印刷
定　　价：89.00元

产品编号：105687-01

序言

小时候跟着妈妈出去玩,最喜欢的环节就是拍照,找一处好景,摆好姿势,咔嚓一声,影像定格。

那时候还是胶片年代,一张又一张的年少模样被银盐均匀地撒在胶卷上,然后怀着期待的心情等待它冲洗成像。

每每翻开这些旧照片,妈妈都会兴致勃勃地描述当时的情景。

"你看当时我就想拍这辆火车从你背后开过。"

"这张照片还有鼻涕挂在你脸上,前一秒你还在哭。"

"这嘴张着叽里咕噜在说些什么,让我想想……"

妈妈终究还是有想不起来的时候,于是我常常想,如果照片会说话,那该有多好。

直到看到"芒果"一直用短视频的方式,记录着小朋友的童年,才发现现在还有一种更完整、更全面的方式,可以记录家人的陪伴和孩子的成长。

在"芒果"的动态影像里,我可以身临其境,全心全意地感受到她那颗想要记录家庭温暖、留住美好时光的初心。

后来她写了这本书,在这本书里,我看到了一种久违的"回归生活本身"的诚意。孩子、夫妻、父母、起居、户外、旅行、家庭生活里的每一个片段都被放大整理,仔细琢磨,用心呈现。

生活不会比电影更精彩,但会更温柔。

同时,我也看到了"芒果"为这本书的编著所付出的努力和真诚。用最朴素的语言,真诚地分享亲子短视频拍摄的经验。从策划拍摄、剪辑软件的使用,到后期调色的分享,都能真切感受到"芒果"的用心之处。

希望买了这本书的朋友,拿起相机或手机,面对你的家人,好好记录每一天的声波流转、光影变迁,记录那些欢笑、喜悦、陪伴、哭泣、打闹与拥抱。

真实的生活才是最值得记录的,因为那里承载着回忆和爱。

前言

自我家小宝宝出生后,我便想要完整地记录她童年里的点点滴滴,从静态的照片到动态的短视频。3年内我拍摄了无数张照片,记录了许多亲子短视频。随着我拍摄技能的提高,我的作品得到了很多朋友的喜爱与认可,同时也有越来越多的朋友问我一些关于短视频拍摄的技巧,于是我就有了想把拍摄短视频的经验编著成书的想法。

本书采用比较通俗易懂的语言,将短视频拍摄的理论知识和笔者个人的经验汇聚,总结出一套适用于新手的拍摄方法。无论是想要开始记录小朋友成长的新手爸爸妈妈,还是想要从事家庭纪实的儿童平面摄影师,都可以从这本书中得到关于短视频拍摄的技巧。

本书共10章,涵盖短视频脚本策划、拍摄要点、手机剪辑和进阶版达芬奇软件剪辑的使用方法,从不同年龄段小朋友的拍摄方法着手,带领读者掌握亲子短视频拍摄的全部流程和拍摄方式。本书还为读者介绍了如何巧妙借助软件来提升审美的方法。

希望对亲子短视频感兴趣,并想要进阶学习的读者,读完这本书后,可以快速上手,创作出属于自己的亲子短视频作品。

本书的配套资源请用微信扫描下面的配套资源二维码进行下载,如果在配套资源的下载过程中碰到问题,请联系陈老师(chenlch@tup.tsinghua.edu.cn)。如果有技术性问题,请用微信扫描下面的技术支持二维码,联系相关人员进行解决。

配套资源

技术支持

作者
2025 年 3 月

目录

第1章 亲子短视频的认识 / 001

1.1 宝妈记录亲子短视频的意义和优势 / 002
- 1.1.1 亲子记录的意义 / 002
- 1.1.2 妈妈摄影师视角有哪些优势 / 003
- 1.1.3 学会列举清单让记录变得简单 / 004
- 1.1.4 全职妈妈如何把爱好变成职业 / 007

1.2 儿童摄影师如何应对短视频潮 / 008
- 1.2.1 短视频——儿童摄影师必备技能 / 008
- 1.2.2 儿童摄影师如何取长补短，相得益彰 / 008

第2章 亲子脚本策划的前期准备 / 011

2.1 亲子短视频的前期准备工作 / 012
- 2.1.1 拍摄主题的前期构思 / 012
- 2.1.2 拍摄场景的前期攻略 / 014
- 2.1.3 场景和服装的适配 / 014
- 2.1.4 设计亲子游戏和肢体动作 / 018

2.2 亲子故事脚本怎么写 / 020
- 2.2.1 文案重在增加共鸣 / 020
- 2.2.2 视频文案故事性表达的方法 / 022

2.3 亲子短视频分镜和脚本模版 / 023
- 2.3.1 分镜和脚本应该有哪些内容 / 023
- 2.3.2 亲子互动玩拼图脚本的创建演示 / 025

第3章 亲子短视频拍摄要点 / 028

3.1 拍摄设备和设备辅助设置 / 029
- 3.1.1 拍摄设备和收音设备的选择 / 029

3.1.2 手机拍摄的辅助设置 / 030
3.1.3 相机拍摄的重要辅助设置 / 032
3.1.4 相机直方图对于视频出片的重要性 / 034
3.1.5 相机标记式样显示对于画面构图的影响 / 036

3.2 拍摄光线、景别、构图 / 037
3.2.1 如何运用好自然光线进行拍摄 / 037
3.2.2 基本景别镜头类型 / 038
3.2.3 三段式拍摄递进关系 / 042
3.2.4 注意环境空镜头和人物的关联性 / 043
3.2.5 常见的电影感画面构图技巧 / 043

3.3 亲子短视频拍摄角度和拍摄机位 / 048
3.3.1 如何运用主观视角和客观视角 / 048
3.3.2 亲子短视频常用的拍摄机位 / 049

3.4 亲子短视频的拍摄技巧 / 050
3.4.1 借用孩子的眼睛拍摄 / 050
3.4.2 记录小朋友搞怪的瞬间 / 050
3.4.3 多拍孩子的局部特写 / 051
3.4.4 记录不同时期的同一动作 / 053
3.4.5 怼笑脸拍摄增加情绪氛围 / 054

3.5 拍摄亲子短视频的基本原则 / 055
3.5.1 人物运动和银幕方向的一致性 / 055
3.5.2 切换机位时注意拍摄动作的连贯性 / 056
3.5.3 保证画面干净不杂乱 / 057

第4章 手机剪辑的步骤和实操 / 060

4.1 手机如何及时释放空间 / 061
4.1.1 巧用日期地点整理素材 / 061
4.1.2 源素材的云端存储整理 / 062
4.1.3 剪映草稿箱的及时备份 / 063

4.2 手机剪映的步骤 / 064
4.2.1 手机剪映的步骤 / 064
4.2.2 音乐和旁白的添加 / 064
4.2.3 文案字幕的添加 / 067
4.2.4 常用滤镜和简单调色 / 069
4.2.5 锐化输出和导出格式设置 / 072

4.3 巧用剪映功能键增加趣味的技巧 / 073
4.3.1 巧用关键帧制作趣味开头 / 073

4.3.2 巧用蒙版增加画面氛围 / 075

4.3.3 巧用边框制作画面复古感 / 078

第 5 章　剪辑进阶——计算机剪辑的步骤与实操 / 080

5.1 计算机剪辑前的必备工作 / 081

5.1.1 剪辑设备存储空间不足的解决办法 / 081

5.1.2 原始素材的及时备份与整理 / 082

5.2 计算机版剪映的常用面板和实操步骤 / 083

5.2.1 计算机版剪映的常用功能 / 083

5.2.2 亲子短视频的粗剪流程演示 / 087

5.2.3 字幕的智能添加和 SRT 字幕文件 / 089

5.2.4 亲子氛围感的调色过程 / 092

5.2.5 视频的导出格式设置 / 097

5.3 达芬奇的基础设置和剪辑实操 / 099

5.3.1 达芬奇的基础项目设置 / 099

5.3.2 达芬奇的基础面板认识 / 102

5.3.3 达芬奇调色原理 / 108

5.3.4 电影感画幅比例设置 / 113

5.3.5 文案字幕的添加方式 / 114

5.4 剪辑软件达芬奇局部调色和仿色思路 / 116

5.4.1 如何对人物主体单独调色 / 116

5.4.2 法式电影感调色思路 / 118

5.4.3 日式小清新调色思路 / 119

第 6 章　亲子户外日常拍摄方法 / 122

6.1 户外活动日常主题拍摄思路 / 123

6.1.1 以场景事件为出发点的公园主题户外拍摄思路 / 123

6.1.2 以场景元素为出发点的亲子徒步拍摄思路 / 124

6.1.3 以拍摄风格为出发点的户外踏春拍摄思路 / 125

6.2 亲子户外游戏的肢体语言和拍摄公式 / 127

6.2.1 户外骑行的拍摄公式 / 127

6.2.2 放风筝的拍摄公式 / 129

6.2.3 露营的拍摄公式 / 130

6.3 户外游戏互动和环境空镜组接剪辑 / 132

6.3.1 为画面匹配轻松欢乐的音乐 / 132

6.3.2 原声的保留和音效的加入 / 135

6.3.3 户外视频调色思路 / 137

第 7 章 亲子居家室内拍摄方法 / 139

7.1 以起床时的嬉闹为主题的拍摄 / 140
- 7.1.1 画面人物第一视角的拍摄 / 140
- 7.1.2 门框框架式构图的第三视角 / 142
- 7.1.3 卧室场景相关的空镜头拍摄 / 143
- 7.1.4 起床主题的视频剪辑和后期 / 144

7.2 以读绘本为主题的拍摄 / 145
- 7.2.1 环境特写镜头开场 / 145
- 7.2.2 180 度原则分别拍摄妈妈和宝宝的画面 / 147
- 7.2.3 亲子阅读的脚本和镜头组接剪辑后期思路 / 149

7.3 以冬至吃饺子为主题的拍摄 / 151
- 7.3.1 特写画面开场作为故事引子 / 151
- 7.3.2 视角切换拍摄故事发生的分镜头画面 / 151
- 7.3.3 包饺子故事发展和高潮点 / 153
- 7.3.4 冬至饺子主题的脚本和剪辑后期思路 / 156

第 8 章 亲子旅行拍摄方法 / 158

8.1 亲子旅拍注意事项 / 159
- 8.1.1 提前做好旅行拍摄攻略 / 159
- 8.1.2 合理安排作息高效拍摄 / 160

8.2 亲子旅行拍摄方法 / 161
- 8.2.1 手动对焦风景虚化人物拍摄 / 161
- 8.2.2 与场景元素合理互动 / 162
- 8.2.3 多场景记录同一亲子动作转场 / 163
- 8.2.4 亲子旅拍剪辑思路 / 165

第 9 章 低月龄宝宝拍摄方法 / 168

9.1 低月龄宝宝拍摄注意事项 / 169
- 9.1.1 询问宝宝喜好和生活作息见缝插针 / 169
- 9.1.2 上门拍摄如何避开混乱的家居环境 / 170

9.2 低月龄宝宝拍摄方法 / 171
- 9.2.1 设计家人和宝宝互动的画面场景 / 171
- 9.2.2 记录宝贝身体的局部特写 / 173
- 9.2.3 记录宝贝用的和玩的物品 / 174

9.3 周岁礼的拍摄方法 / 176
- 9.3.1 以时间线为主题的花絮拍摄 / 176
- 9.3.2 以周岁礼流程为主题的拍摄 / 177

9.3.3 以采访父母心路变化为主题的拍摄 / 180

9.4 1~2 岁宝宝的拍摄方法 / 181

9.4.1 记录宝宝蹒跚学走的可爱画面 / 182

9.4.2 记录宝宝吃食物的画面 / 183

9.4.3 记录宝宝玩水洗澡的画面 / 185

■ 第 10 章 怎样提升亲子短视频的审美 / 189

10.1 如何从电影中提升审美 / 190

10.1.1 从哪里着手学习亲子电影拍摄 / 190

10.1.2 怎样快速从亲子电影中学以致用 / 191

10.2 如何建立亲子电影感审美库，快速形成个人风格 / 193

10.2.1 学会对积累的审美素材做分类整理 / 193

10.2.2 对主流风格审美的拆解和模仿 / 194

10.2.3 对自己素材的整理和复盘，输出风格化特点 / 196

第 1 章 亲子短视频的认识

本章主要介绍记录亲子短视频于不同时期的我们有什么意义;妈妈摄影师具备的独特视角和身份优势;可以列举哪些事件清单来辅助短视频记录;如何把爱好变成职业摄影;儿童摄影师又该怎样应对短视频潮,加强必备技能。

1.1 宝妈记录亲子短视频的意义和优势

不管是用照片还是视频记录小朋友成长的轨迹，于父母或小朋友而言，在不同的时期，都有着非比寻常的意义。

1.1.1 亲子记录的意义

1. 于父母老年时期的意义

于父母老年时期而言，回放曾经记录的未满月宝宝的细节画面，如图 1-1 所示，既是一种弥足珍贵的回忆，也是一种精神慰藉。

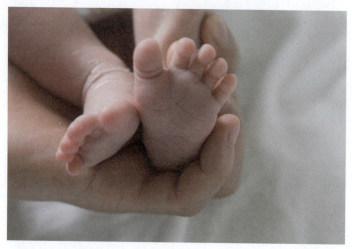

图 1-1

2. 于小朋友成长的意义

小朋友长大以后，对小时候的记忆会逐渐模糊。而亲子记录，恰恰弥补了小朋友对于童年记忆的缺失。他们多年后会通过影像的方式，回忆起自己和爸爸妈妈一起做过的事情，如图 1-2 所示。

图 1-2

亲子记录于不同时期的我们，于不同时期的小朋友，都有着不同寻常的意义。不局限于手机或相机等设备，设备有价，珍贵的回忆却是无价的，例如半个月大的小宝宝趴在父亲身上睡觉的画面，如图 1-3 所示。

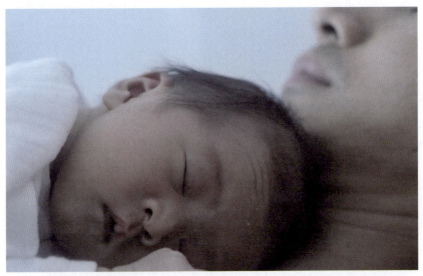

图 1-3

1.1.2 妈妈摄影师视角有哪些优势

对于记录而言，妈妈更了解小朋友生活中的细枝末节，了解他们的生活习惯，能够捕捉到寻常人看不到的细节，相较于摄影师甚至专业视频导演有足够的优势，也就可以拍下更多特写或者超特写有张力的画面。

1. 心思更加细腻

例如能够第一时间捕捉到小朋友的细节画面：

长满倒刺的手，去够藏在沙发底下的画笔；

闲暇时间，桂花味大白兔奶糖的汁水顺着嘴角流了出来；

躺在户外的垫子上，一边吃着棒棒糖，一边抠着脚，如图 1-4 所示。

图 1-4

2. 了解孩子的精力状态和拍摄配合程度

妈妈作为常陪伴在孩子身边的最重要的角色,会比较了解孩子的作息习惯、拍摄的内容对孩子有没有吸引力,以及孩子的配合度怎么样。

生病时身体不舒服,或者想要哪个玩具没有买到而心情不佳,或者谁拿了孩子的零食而状态不好……以上都是可以第一时间观察到的画面。

3. 根据习惯去预判事件的发生

为什么强调记录亲子真实发生的事件,而不是按照脚本进行拍摄,因为这两者有本质上的不同。如果完完全全按照脚本去完成某个戏剧性的动作,多少带有一些演绎的成分。

大多数人不是专业演员,没有受过专业表演训练,无法真情实感地表演出脚本的内容,更何况是小朋友。所以根据特定的场景和环境,预判到能够发生的事件,也是妈妈摄影师的独特优势。以这样的心态去记录,便不会有表演的痕迹。

例如:

居家场景下,亲子共读绘本。

户外草坪上,小朋友手拿着风车,迎着晚风,向落日方向一路奔跑。

公园的长椅上,亲子面对面坐着,拍手互动游戏,如图1-5所示。

图1-5

以上,对于足够了解小朋友的妈妈来说,能够预判到在某个场景下,孩子会去做哪些事情,积累了几次经验之后,再去记录生活,就会变得游刃有余。

1.1.3 学会列举清单让记录变得简单

遇到孩子历史性的成长瞬间时,我们总会用手机赶紧记录下来,但又不知如何开始。可以在孩子的每个年龄段,列一些可以亲子共同协作的事件清单,这样会让记录变得更加简单。

接下来针对孕期、宝宝出生到一岁、一岁到三岁和三岁以后4个阶段,列举相关事件清单。

如果你是一个还处在孕初期的宝妈,你的记录清单可以这样列举。

- 两道杠的验孕棒,证明小家伙真的来了。
- 第一次产检看到B超的复杂心情。
- 第一次感受到胎动的场景。
- 肚子上围着胎肩带,胎心仪发出"轰隆轰隆"的声音。
- 月份大了的小宝贝,愈发淘气,蹬着小脚丫,隔着肚皮和爸爸妈妈打招呼。

- 妈妈半躺在沙发上，拿着绘本，给小宝贝讲睡前故事，让宝宝熟悉妈妈的声音。
- 孕36周后，身体逐渐变得沉重，和宝宝爸爸一起记录拍摄大肚子孕照，如图1-6所示。
- 孕晚期，体重越来越大，长出妊娠纹，这是小宝贝在肚子上留下的爱的痕迹。
- 入院陪产，记录分娩过程。
- 爸爸妈妈第一眼看见小宝贝的激动心情。
- ……

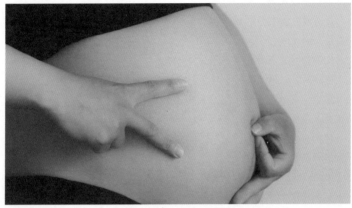

图1-6

如果你的小宝贝已经出生，你想记录孩子出生到一岁的成长，可以这样列举清单。

- 妈妈忍着剧痛第一次喂母乳。
- 爸爸第一次抱着小宝贝的紧张感。
- 爸爸第一次给小宝贝换尿布的画面。
- 出院前，填写出生证明资料时，第一次写下宝贝的名字。
- 第一次采足底血，接种卡介疫苗。
- 宝贝在肚皮外面，第一次回家。
- 爸爸妈妈一起给小宝贝换衣服。
- 搞怪扭捏的表情逗乐爸爸妈妈。
- 饿得哇哇直哭找妈妈。
- 小宝贝趴在爸爸的身上睡着。
- 开始学会被逗得哈哈大笑。
- 会在妈妈的引导下抬头。
- 会在软糯的床上慢慢翻身。
- 学会在爬行垫上爬行。
- 妈妈带着小宝贝一起做感统游戏。
- 爸爸手臂拖着开飞机。
- 爸爸妈妈一起推着婴儿推车去公园。
- 爸爸妈妈见证宝贝在专属的泳池里游泳。
- 宝贝会在很大的空间里快速地爬行。
- 可以扶着桌角站立。
- 拿到喜欢的玩具就啃得直流口水。
- 宝贝出生后全家的第一次远途旅行。
- 第一次去游乐场。
- ……

一岁至三岁的宝宝,与父母的互动更加紧密,可以带小朋友去体验更多的事情,可以这样列举清单。
- 爸爸妈妈第一次慢慢撒开手,小宝贝走了很远的路。
- 一起去小溪边露营,小宝贝抱着个大大的西瓜。
- 一起在纸上胡乱涂鸦。
- 在公园草地上追逐着放风筝。
- 学会单腿在滑板车上刹车滑行。
- 和出差回来的爸爸奔跑相拥。
- 春天在草坪上做游戏,如图 1-7 所示。
- 认真过每一位家人的生日。
- 为迎接圣诞,父母精心准备神秘礼物。
- 一起挂灯笼、写对联,迎接新年。
- 在元宵节放孔明灯,燃放小烟花。
- 在端午节一起着汉服包粽子。
- 一起解锁一个新学的贝果面包。
- 一起做一个手作干花相框。
- 一起做户外植物拓染。
- 一起完成一个 100 片以上的拼图。
- 一起手工做一个香薰蜡烛。
- 在旅途中一起挑选纪念品。
- 一起坐摩天轮。
- 一起为父亲节母亲节准备礼物。
- 一起许下新年愿望,写一封十年后的信件。
- ……

图 1-7

三岁以后的宝宝和大人有更多的互动,可以选择在自己擅长的领域这样列举清单。
- 假如你擅长烘焙,就换着花样和小宝贝一起挑战做 100 个不重样的蛋糕和面包。
- 假如你擅长画画,挑战 100 件低难度的,可以和宝贝一起完成的绘画作品。
- 假如你擅长插花,挑战 100 件宝贝和你一起完成的插花作品。
- 假如你擅长拍照,用相机拍摄出 100 组创意照片,并记录下拍摄过程。

- 假如你擅长厨艺，挑战记录每一次你们亲子一起煮饭的过程。
- 假如小宝贝喜欢听故事，就可以记录每一本你们一起读过的绘本，如图 1-8 所示。
- ……

图 1-8

当你不知道要拍摄什么内容时，可以对比以上列举的不同阶段的事件清单，结合自身优势，记录自己和孩子的亲子短视频。

1.1.4 全职妈妈如何把爱好变成职业

对于全职妈妈而言，想要兼顾家庭教育和事业，自媒体无疑是一个时间和地点都相对自由的职业发展方向。例如，可以通过自媒体平台广告收入变现，也可以制作视频接单，还可以知识付费授课。

全职妈妈如果能把感兴趣的，并且愿意付出时间去学习的爱好慢慢发展成副业，甚至是主业，既可以补充家庭的收入来源，也可以满足小朋友的陪伴和需要，这是一件多项的选择和保障。

那如何把爱好变成职业呢？如图 1-9 所示。

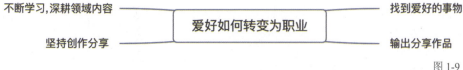

图 1-9

- 找到爱好的事物：首先需要知道自己的爱好是什么，在爱好的领域持续深耕。
- 输出分享作品：多去拍，只有在持续反复的输出并且复盘的情况下才能进步。
- 不断学习，深耕领域内容：喜欢摄影，就去了解相机设备的基础知识；喜欢用视频记录，就去了解并且掌握基础的常用操作知识。
- 坚持创作分享：在选定好的爱好和赛道上，持续不断地输出，一定会有人认可你的作品，认可你的技术，相信你的能力。

虽然这个过程有长有短，但是一旦开始付诸行动，并保持思考和复盘，一定会形成自己的商业闭环。始终对生活抱有热忱，保持一份爱好，并尝试将这份爱好变为职业发展的方向，什么时候开始都不晚。

1.2 儿童摄影师如何应对短视频潮

作为儿童摄影师，面对同行的压力，面对短视频的趋势，我们该怎样正确面对短视频潮呢？

1.2.1 短视频——儿童摄影师必备技能

短视频记录已成为摄影市场的刚需。

蓬勃发展的自媒体平台，成就了越来越多的儿童摄影师，他们通过线上接单、线下拍摄的模式，获得越来越多客户的青睐。正是这种高速的信息传播率，使更多的客户会因为看到别的摄影师拍摄的亲子视频而增加视频拍摄的需求。

对于儿童摄影师来说，需要学习的内容也越来越多。提升拍摄视频的能力，是每一位儿童摄影师和家庭摄影师的必备技能。

作为儿童摄影师和家庭摄影师，需要具备哪些必备技能呢？

1. 基础拍摄剪辑必备技能

- 拍摄主题的策划能力。
- 罗列脚本内容的能力。
- 熟悉并掌握拍摄设备，包括增稳设备和运镜方式。
- 剪辑软件的熟练操作。
- 剪辑视频内容的景别组接基础技能。
- 音乐和旁白的剪切技巧。
- 后期调色风格的养成能力。

2. 摄影以外的必备能力

- 具备耐心和同理心。
- 具备超强的执行能力。
- 保持审美观念不断提升的学习能力。
- 细腻的观察能力和优秀的沟通能力。

视频拍摄和剪辑的基础必备能力，可以提升我们的专业技能。而摄影以外的必备能力，可以帮助我们迎接更多挑战，创造更多的可能性。

1.2.2 儿童摄影师如何取长补短，相得益彰

儿童摄影师若想学习短视频的制作能力，又不知道如何着手，可以从以下几方面来盘点。

- 你目前在摄影上擅长什么？
- 你目前亟待解决的问题是什么？
- 你和想要靠近的目标还有哪些差距？
- 你身边能够一起成长交流的同行朋友能给你哪些建议？
- 如何去寻找适合自己的课程和老师？
- 怎样融汇自己的特长补缺短处？

思考以上6个疑问，在问题中找到答案。

1. 你目前在摄影上擅长什么

你目前在摄影上擅长什么？或者说，你能找到自己的优势是什么？如图1-10所示。

```
优势 ─┬─ 知识 ── 例如你所有的摄影基础知识，设计排版基础知识
      ├─ 才能 ── 沟通能力，写文案能力，审美能力，等等
      └─ 技能 ── 能够拍出什么类型的作品，最好有个汇总，方便认知自己
```

图 1-10

其实每个儿童摄影师都有自己独特的风格或者擅长的点，例如：

- 构图能力强。在外拍摄时，总能从复杂混乱的环境中快速找到主体，借助环境，快速找到构图方式。
- 对于光源和方向比较敏感。每个人对于光源和方向的敏感度不同，有些摄影师方向感较弱，在户外拍摄时，不能快速找到最佳拍摄机位，而有些摄影师对于光源的敏感度较强，能够快速分清自然光线的来源方向。
- 影调的变化比较敏锐。在后期修图时，能够很快地判断色彩和影调调色方向。
- 擅长前期引导。通过做游戏，或者玩具引导小朋友和家长，做出比较温馨、有张力的动作。
- 擅长为视频配文案，前期脚本策划能力很强。

结合自身情况，用所学的知识技能和擅长的才能，发挥自己最大的优势，才能创作出更多的作品。

2. 你目前亟待解决的问题是什么

只有即刻投入到拍摄行动上，才能够知道自己需要解决的问题。在视频剪辑创作的路上大致会遇到以下问题。

- 脚本创作问题。
- 拍摄构图问题。
- 拍摄景别切换问题。
- 拍摄场景和服装优化问题。
- 后期画面剪辑组接问题。
- 音乐剪辑卡顿问题。
- 视频节奏问题。
- 后期调色问题。
- 剪辑软件熟练度问题。
- ……

在实践之后，反复复盘才会慢慢发现问题，然后逐一击破，这样才能够不断地进步。

3. 你和想要靠近的目标还有哪些差距（图 1-11 所示）

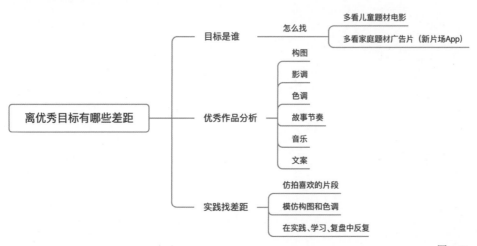

图 1-11

想要在视频拍摄方面进步,可以从以下三方面入手。
- 找到优秀目标。多刷儿童题材的电影,多看温情家庭题材的广告片,并将喜欢的作品收藏。
- 反复分析目标作品。在一次次的分析中认真思考,从构图、景别、影调、色调、故事节奏、音乐、文案等方面判断导演为什么要这样设计,代入导演思维去思考学习。
- 缩小差距,从仿拍开始。从喜欢的片段开始仿拍,模仿构图、色调等,在实践中学习,在复盘中反复思考。允许自己有差距,以正确积极的态度去对待,就是进步的第一步。

4. 你身边能够一起成长交流的同行朋友能给你哪些建议

"三人行,必有我师。"许多儿童摄影师拍摄时都喜欢独来独往,其实和同行的朋友多交流,往往是进步最快的。若报了摄影课程,在课后和同学们交流,更能够检验学习的效果。最好能有一两个同行的朋友,一起约着拍摄,在每次拍摄后进行复盘小结,从构图、影调、色彩、服装、拍摄场景和后期剪辑的成片节奏来多方面地分析。几次拍摄下来,于双方而言,都会有非常大的进步和收获。

5. 如何去寻找适合自己的课程和老师

"求其上者得其中,求其中者得其下,求其下者无所得。"选择老师、学习课程可以从以下几方面着手,如图 1-12 所示。

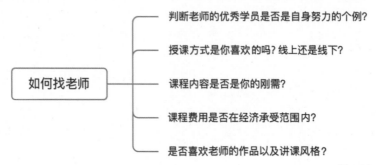

图 1-12

无论选择什么样的老师,都要始终抱有虚心学习的心态,授课的方式首选线下,其次是线上。

线上学习的弊端是,即使学习了系统的理论,当自己真正实践时,因为设备或剪辑软件版本的不同,也可能会遇到很多和课程内容不对等的信息。

我们应综合自身的状况和所罗列的信息,去选择适合自己的课程和老师。

6. 怎样融汇自己的特长补缺短处

了解自己的长处,在优势上做延伸,在技能上去突破,将学到的系统性知识学以致用,结合自身的审美和技能,创作出拥有自己风格的视频作品。

第 2 章　亲子脚本策划的前期准备

本章从前期的构思、场景的前期攻略、服装搭配和设计亲子游戏四方面介绍写脚本的前期准备工作，以及实际演练如何把一部视频的分镜脚本写完整，脚本包含哪些内容。

2.1 亲子短视频的前期准备工作

录制亲子短视频前，需要做哪些准备工作呢？一般分为前期构思，场景和服装的准备，以及拍摄脚本的策划。

2.1.1 拍摄主题的前期构思

无论记录生活还是拍摄主题性的视频，都需要一根故事主线贯穿上下，如图 2-1 所示。

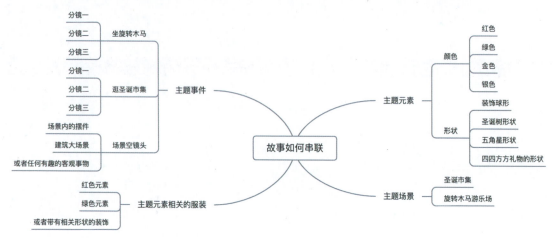

图 2-1

1. 主题元素

以拍摄圣诞氛围的视频为例，拍摄圣诞氛围时，需要思考有哪些主题元素。

- 圣诞树。
- 圣诞老人。
- 金色、银色、红色、绿色圣诞装饰。
- 旋转木马。
- 热红酒。
- 圣诞元素的小饼干。

2. 主题事件

以圣诞为主题的视频可以做哪些事情？

- 圣诞氛围元素扫街。
- 装扮圣诞树。
- 坐旋转木马。
- 烤制苹果派。
- 烘烤圣诞小饼干。

确定主题元素和主题事件之后，就可以围绕主题事件，有主题地策划拍摄方案。如选择逛圣诞氛围的市集、在市集上品味小吃和体验旋转木马，这三个小事件就串成了故事主线。接下来按照故事主线的每个主题事件构思拍摄分镜，如表 2-1 所示。

表 2-1

场景事件	分镜	分镜画面
场景一：小朋友在市集观看摊位上小摆件的画面	分镜一	大环境圣诞氛围的空镜头拍摄，可广角拍摄人潮拥挤的画面
	分镜二	拍摄推位上小摆件的特写画面
	分镜三	拍摄小朋友或者亲子一起看向小摆件的中景画面
场景二：品味小吃的画面	分镜一	推位上小吃的特写画面
	分镜二	拿到美味小吃的面面，或者推位老板递食物给你的中景画面
	分镜三	亲子一起品尝小吃的中景画面
场景三：坐旋转木马的画面	分镜一	旋转木马转起来的空镜头画面
	分镜二	小朋友坐在旋转木马上看向家人的中景画面
	分镜三	小朋友在旋转木马上和家人打招呼的画面
空镜头拍摄	分镜一	高机位拍摄，大人举着棉花糖在人潮中的画面
	分镜二	特写画面拍摄，有趣的圣诞装饰摆件在摊位上的画面
	分镜三	穿着小丑服装的工作人员在制作圣诞元素气球的画面

可以根据场景提前构思分镜，先确定主题场景下可能发生的事件，然后构思当下场景可以拍摄的分镜头。在每一个场景事件中，列举三个可拍摄的分镜头，根据拍摄状况再做调整。也可以选择更加有氛围的事件，通过多拍两组分镜来作为主体事件。

3. 前期构思要点

第一，确认场景事件。

第二，根据事件合理安排事件分镜头，如图 2-2 所示。

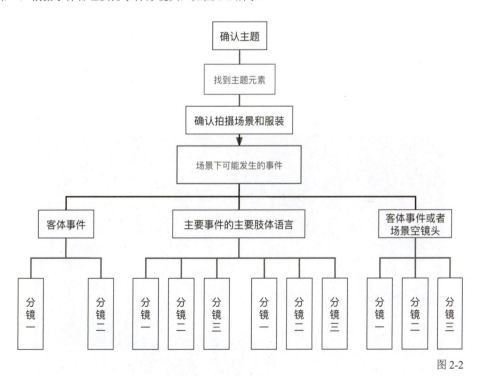

图 2-2

2.1.2 拍摄场景的前期攻略

拍摄之前需做足前期攻略，具体可从以下五方面来做。

（1）提前在平台上搜索场地的相关图片和其他信息，保存与之相关的好看的图片或视频截图，作为拍摄画面参考，提升效率。

（2）找好场地的视频信息全貌，思考该场景下可以拍摄的机位。若是许多人排队拍摄的机位，可以考虑换一个机位和角度进行拍摄。

（3）准备与场景匹配的服装。根据拍摄环境的建筑风格和主要颜色，提前准备匹配的服装。如在古风建筑拍摄，可以选择偏古风服装或中式风格加马面裙穿搭。

（4）携带符合场景拍摄需求的镜头设备。狭小空间可以用24端广角镜头，方便收揽全景，录制儿童表演节目之类的场景，24~70mm或70~200mm变焦镜头更为便捷。

（5）携带备用的满电电池和可用内存卡，并且在拍摄前一晚检查一遍，以防电池没有电或者内存卡不能用的情况出现。

总结来说，拍摄场景的前期攻略要点如下。

- 尽可能避开人流，错峰出行。
- 做足前期拍摄机位和角度、服装的准备。
- 准备适合的相机镜头和设备，并且准备备用电池和备用存储卡。

2.1.3 场景和服装的适配

场景和服装是为了主题内容来服务的，所以拍摄什么样的主题，就应使用匹配的场景和服装。

1. 日系风格的场景和服装

日系风格的特点是色彩干净，画面通透。接下来从场景和服装两方面提供日系风格的参考。

在场景上，若选择户外，可选择有大面积的草坪、有氛围感的树、樱花小道、白色的楼梯栏杆或者废弃的铁轨等地方。若选择室内，着重日系家居装修风格，切忌选择法式复古代表的水晶灯的家居风格，或者老红木家具的中式雕花躺椅。

在服装上，可选择白色、灰色、浅咖色和浅蓝色为主的服装，款式简单，不需太多装饰，简约干净就好，如图2-3所示。服装搭配的颜色是由视频的明亮色调风格决定的，应保持画面亮度和色彩的统一，不掺杂过多其他大面积的色彩，避免抢夺主体的注意力。

图2-3

2. 古风主题的场景和服装

拍摄古风风格的视频，妆造、服装和场景会有更多的考究，还要考虑匹配的道具是否符合服装的朝代。

从场景来看。拍摄古风类的视频，要绝对性地避开有现代元素的场景，例如现代的楼梯把手和空调风扇。在拍摄时，可以选择古镇建筑的青瓦白墙，古园林的庭院和极具中式风格的民宿，如图2-4和图2-5所示。新手可能因对国风美学的知识储备不足，而搭配出不伦不类的场景，所以不建议自己造景拍摄。

图 2-4

图 2-5

从服装来看。随着多元化的产出和追求个性化，很多人除了宋制、明制、唐风，更愿意尝试新中式的穿搭——一身素衣配马面裙。当然，如果是更加专业性的项目，还是需要请教古风和汉服文化方面更加专业的老师，来确认服装不出错。

了解和熟悉古风服装的搭配，会让你的摄影摄像更加专业，作品才有可能被更多人认可和传播。

在妆造上，纯古风相较于新中式需要花更多的时间和心思，新中式显得更加随和，即使短发没有古风妆造也可以驾驭，如图2-6所示。

图 2-6

如果是要求严格的古风创作，则应该避免小朋友的短发造型，尤其是男孩子的寸头，很容易穿帮出戏，若是只做生活记录，则无伤大雅。

3. 圣诞主题的场景和服装

从场景来看。一想到圣诞，肯定会想到圣诞树、圣诞老人、圣诞装饰、圣诞市集和雪人等，如图2-7和图2-8所示。节日仪式感的装置成了商家和商场的必备营销活动，所以除了自己搭建场景，最便利和节省成本的方式就是把拍摄场景定在有圣诞装饰的地方。当然，这样的地方，免不了人会很多，需要留心相机镜头焦段和拍摄的机位，避免画面杂乱。也可以根据元素来自己搭建场景，弊端就是所花费的精力和经济成本都要增多，优势是拍摄机位和拍摄时间自由。

图 2-7

图 2-8

从服装来看。主题类的服装,当然要找主题相关元素,如圣诞红色毛衣、红色圣诞帽、小鹿装饰的发箍等,如图 2-9 所示。

图 2-9

主题元素的服装搭配以及主题元素的场景装置,在后期拍摄时,所烘托的主题氛围一方面可以带给你很多拍摄上的便利和灵感,在后期的剪辑组接时,画面的色彩色调以及元素的统一,也会显得更加和谐。

4. 年味主题的场景和服装

在老一辈的传统里,似乎大家聚在一起拍一张全家福是一种过年的仪式感,学会拍摄视频,就可以把这种静态的图片以影像的方式记录下来。

从场景来看。如果是体现团圆的主题氛围,可以选择有年味的居家环境,如挂了红灯笼的小院、贴了手写春联的门、挂了祈福卡片的石榴树等元素。也可以是烘托氛围的空镜头,将人物框选在这样的场景下,做一系列的动作，如包饺子、贴春联、一起拍全家福、放烟花等，如图 2-10 和图 2-11 所示。

图 2-10

图 2-11

从服装来看。可以给小朋友准备比较有节日象征意义的年服，大人可以是素色的平常衣物，加一件红色的围巾、帽子或手套，也可以一家人穿统一的年服，选择红色喜庆的元素。

2.1.4 设计亲子游戏和肢体动作

亲子短视频在于记录当下做的事情、动作或导向某种结果。当准备开始记录时，就要设计一些亲子游戏和亲子互动的肢体语言。若在连续的阴雨天气到来之前，去拍摄银杏叶主题的亲子记录，就要设计在银杏树的街道，带着小朋友可以做什么游戏以及产生什么肢体动作。

如带着小朋友做银杏叶子的手工，用一把透明雨伞，上面黏贴双面胶，用雨伞做架构，用层叠排列的方式，把落下来的银杏树叶黏贴在雨伞上。

完成游戏的过程中，一定会与小朋友发生亲子互动，如把地上的树叶捡起来，撒在雨伞上，然后做出躲在雨伞下面的肢体动作，如图2-12所示。

图 2-12

接下来列举在不同场景下可以设计的一些亲子游戏，供读者参考。

室内居家：

- 一起画画，用颜料画熊猫脸。
- 一起烘焙，做不同动物造型的小饼干。
- 一起折"东南西北"的折纸，上面写着刮鼻子、挤眼睛、原地转圈、做鬼脸等。
- 一起弹尤克里里，小朋友拨出不同的音乐节拍。
- 一起躺在床上，挠痒痒互动。
- 一起做瑜伽，亲子做相同的动作。
- 一起读书，妈妈模仿绘本里的动物叫声，亲子互动。
- 一起插花，随意插着什么造型，度过悠闲的下午时光。
- 一起包饺子，小朋友用面团做手工。
- ……

户外活动：

- 在树林中玩捉迷藏的游戏。
- 在草地上，爸爸把小朋友驮在肩上，摇摇晃晃。
- 在傍晚的公园，一起玩"123木头人"的游戏。
- 在公园的长椅上，一起玩"你拍一我拍一"的拍手游戏。
- 在老小区的水泥空地上，用粉笔画线，一起玩跳房子的游戏。
- 在野餐垫上，一起玩抓娃娃测试反应能力的游戏。
- 户外采风，小朋友拿着放大镜，看森林里的落叶、昆虫的寻宝游戏。
- 带上画纸和画笔，在户外亲子画画，如图2-13和图2-14所示。
- ……

图 2-13

图 2-14

在琢磨亲子游戏过程中产生的肢体动作时,拍摄脚本大纲基本上就有雏形了。

2.2 亲子故事脚本怎么写

本节介绍怎样写亲子短视频的拍摄脚本。

2.2.1 文案重在增加共鸣

视频是视觉、听觉、画面语言的结合,如果少了文案就不够完整。

文案旁白不仅承担着把视频故事阐述完整的作用,更有输出价值观、传达情绪、链接观众和拍摄者的作用。所以一则可以让观众产生共鸣、完整输出情绪价值的文案,更能够为视频增彩。

视频作为输出的商品,能够提供情绪价值,使受众群体产生共鸣,受众就会为其买单。

如何写出使人产生共鸣的文案?本书为读者提供以下四个可供参考的学习方法。

1. 摘抄让自己有共鸣感的文案,并且拆解分析写作结构

遇到喜欢的文案,可以先摘抄下来,并且做写作结构的拆解,分析对方的文案好在哪里。

"很多年以后,我站在竖立着一块炼泗石的海岸,面朝大海,面朝我的王国,面朝臣服于我的子民,面朝凡世起伏的喧嚣,面朝天空的霰雪鸟,泪流满面。"——郭敬明《幻城》

这种文案怎么拆解?你在文字中看到了什么?获得了什么关键信息?注意相应修辞技巧,是学会模仿写作的第一步。然后进阶,看到这段文字所获得的信息。时间为很多年以后和将来时;场景为站在海岸,然后以排比的方式介绍人物产生的动作——泪流满面。这些关键信息,如果代入视频里面去拆解成画面,就可以使人感受到交代时间、场景,还有泪流满面这样的特写画面。如果能够捕捉到关键信息,那么作为视频拍摄者对于文案拆解结构就足够了。

2. 建立自己的金句库,并学会做仿写训练

通常情况下,无论是手抄笔记本,复制粘贴文本到备忘录,还是大量积累文案金句,模拟文案的开头、场景、时间以及句式进行刻意地做仿写训练,都能在大脑中形成语感记忆,从而写出有共鸣感的文案。图 2-15 所示为某《秋日》主题视频的文案。

图 2-15

3. 拓展自己的文案积累来源,不只于书籍

除了书籍,还有更快捷的方式去找寻文案灵感。

- 读书软件关键词搜索方法:用想要的表达的主题关键词去搜索,例如"亲子""银杏""文案"等类似的关键词,就会找到想到的文案或短句,从而在短句中获得一些灵感。
- 综艺节目的文案积累:这里的综艺节目指一些慢节奏的节目,例如《你好生活》《十三邀》《中国诗词大会》《朗读者》《典籍里的中国》等。
- 文案积累:若是对写作感兴趣,报过一些写作训练课程,老师一般会给一些好的文案集锦,然后让你仿写。这些资料大多是通过网络搜索后整理而来。可以收集这方面的资料,作为刻意训练仿写的资料来源。当然还可以通过报名一些写作课程,系统性地提高自己的写作水平。

2.2.2 视频文案故事性表达的方法

怎样把一个视频的文案用讲故事的方式表达出来？如图 2-16 所示。

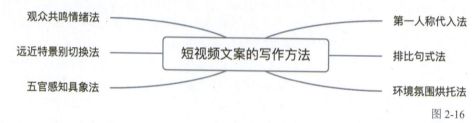

图 2-16

1. 第一人称代入法

用第一人称来代入观众视角，第一句话可以拉近拍摄者和观众的距离感，如"成为妈妈后，我总想为你留下些什么？"

表明身份，代入同为妈妈的观众视角，引领观众看接下来要说些什么。

2. 排比句式法

"或是记录你不着边际的歌声，或是记录我们走在盛开在 12 月里的花路，或是记录你张开双臂、哼着曲儿走过独木桥，或是记录在未经风霜的水杉树下一边说笑一边画蘑菇的我们。"

这里其实分了四个场景来阐述视频内容，如图 2-17 所示。

（1）乱弹尤克里里唱着歌。

（2）一起走花路。

（3）张开双臂走独木桥。

（4）水杉树下的画画。

图 2-17

3. 环境氛围烘托法

拍摄亲子短视频，大多数时候会用很多环境空镜头来进行场景的转场切换，所以，对于环境氛围的描写必不可少，如"或是记录在未经风霜的水杉树下一边说笑、一边画蘑菇的我们。"

还可以借助拟人的修辞手法来模拟人物的某种形态，从而使环境拟人化，如"12月还未经冬霜的水杉，正趁着风先生的伴奏，旁若无人地独舞一曲。"

4. 观众共鸣情绪法

找到自己视频的受众和自己的共同情绪价值，如受众群体是宝妈，所传达的情绪可以是小朋友的快乐情绪的感染，和眼角徒增的皱纹。与观众共鸣的情绪可以这么写："影像记录里不仅承载着你的童年，一并装载的，还有这一段随着四季流逝，刻在我眼角的时光。"

5. 远近特景别切换法

作为拍摄者，视频为呈现更细节的特写画面，需要对所要拍摄的细节画面有更细腻的文案表达，可以由远及近，或由近及远地进行环境描述，如：

（大远景）夜幕下的古镇，高高挂起的大红灯笼，映射在河里，透着微醺的光晕。

（近景）我们站在这座碧波之上的石拱桥，相互凝望。

（特写）你终于将小手里紧紧攥着的两颗大白兔奶糖，大大方方递给我一同分享。

6. 五官感知具象法

少用形容词，多用五官感知到的具象来替代形容词，会让文案看起来更加高级。五官感知，就是用文字堆叠的方式，描述所听（听觉）、所看（视觉）、所触（触觉）、所闻（嗅觉）和所尝（味觉）。

例如，写小孩子调皮，不直接写调皮的小孩，可以写：

"刚满一周岁的你，一把抓起柜子里的零食盒，软糯的小手，十指并用竟也灵活地打开盒子盖，伴着滴啦啦的响声，张着口的开心果随着盖子，均匀地散落在地上，你嘴角上扬，露着刚磕坏的牙齿傻笑着，以为是一个什么新的游戏，哗啦啦，把剩下的一盒子开心果全部倒在了地板上。"

写了小朋友的调皮，但又没有提到调皮两个字，就写了眼睛看到的"软糯的小手，十指并用"（触觉和视觉），耳朵听到的"滴啦啦，哗啦啦"（听觉），借用五官感知，会让画面更加具象，从而使视频故事在文案旁白（听觉）和画面呈现（视觉）两方面一起调动观众的代入感，再次拉近拍摄者和观众的距离。

 亲子短视频分镜和脚本模版

本节介绍亲子短视频的拍摄脚本包含的内容、怎样粗略地构思短视频的拍摄脚本大纲，以及详细的脚本策划可以从哪些方面阐述。

2.3.1 分镜和脚本应该有哪些内容

亲子短视频分镜镜头清单需要包含哪些内容呢？

做分镜脚本内容，要先弄清楚视频的主要人物有谁、人物之间会发生什么互动，以及在什么样的拍摄场景，想清楚这些便有了大纲的雏形。

例如，旅拍的大纲可以这么写。

（1）场景：海边。

（2）时间：傍晚夕阳西下。

（3）人物：母女。

（4）互动事件：散步、奔跑、戏水、捡贝壳……

（5）机位：用什么样的镜头位置去拍摄会让画面更加好看？

表2-2所示为视频拍摄常用分镜头脚本，也可以根据个人习惯有所增减。

表 2-2

序号	场景	分镜	画面内容	参考内容	机位/运镜	景别	时长	文案	备注
1		分镜一							
2		分镜二							
3		分镜三							
4		分镜一							
5		分镜二							
6		分镜三							

若增加其他的场景事件,可以继续增加表格的内容,如表 2-3 所示的分镜脚本所示。用表格的形式,可以在拍摄时,清楚地知道所要拍摄的内容,以确保后期剪辑时有足够的素材。同时,分镜脚本也是后期剪辑的参照,可以提高拍摄和剪辑的效率。

表 2-3

圣诞惊喜						
序号	场景	分镜	景别/运镜	画面内容	时长/秒	旁白
1	—	—	—	空镜头+手写字体	7	王小波说,一个人只拥有此生是不够的,他还应该拥有诗意的世界
2		—	—	杯子放在桌子上的画面	1.5	一个漂亮的杯子,装出来的水的味道一样,但心情会不一样
3	杯子喝水场景	分镜一	特写	倒水的画面	2.5	
4		分镜二	中景	阳光下喝水翻书的画面	2	
5	转场	—	特写	家居空镜头	3	这是藏在生活细节里的仪式感
6	圣诞市集场景	分镜一	特写	圣诞装饰空镜头	3	圣诞节当然也会带她去坐旋转木马,一起去逛市集
7		分镜二	中景全景	市集视频画面闪现	3	
8	插花的场景	分镜一	特写	剪刀剪花的特写画面	1	一起插一个圣诞主题的花艺
9		分镜二	中景	一起插花的中景画面	2	
10	开箱偷偷准备惊喜	分镜一	特写	开箱视频特写,偷偷准备由画笔搭建的礼物城堡	2	当然也会趁她上学的时间,偷偷准备一份惊喜
11		分镜二	中景		3	
12	小朋友收到惊喜的场景	分镜一	特写	遮住小朋友眼睛	2	当她感受到被重视,被关注
13		分镜二	中景	松开遮住小朋友眼睛的手	1	
14		分镜三	全景	主观视角拍摄礼物城堡的全貌	2	
15	收尾画面	分镜一	特写	小朋友画画的欢乐氛围,在纸上画画的空镜头	2	那大概率你会收获她的自信、快乐、开朗和天马行空
16		分镜二	中全景		2	
				总时长	41	

2.3.2 亲子互动玩拼图脚本的创建演示

有了脚本模版,还是不懂怎么写脚本,毫无思路怎么办?接下来演示亲子互动玩拼图脚本的创建。

首先,确定大概主题事件,例如记录一起居家玩拼图这一事件的脚本,会先思考,今天会在家做什么——带她玩刚收到的新年拼图玩具。然后可以围绕收到快递、拆箱、玩拼图这样的故事结构去串联故事。按照以往的习惯,给每个视频配上文案。

1. 文案

看似平淡如水的日常,总会因为那么一两件让你心怡的小事,而心底泛起涟漪。在周末的早上9点,随着门铃响起,我们收到了崭新的贺年拼图。没想到,我这小小的爱好,竟通过十个月的脐带连接,把乐趣基因带给了你。我们并排坐着,分工完成这120片拼图,这一刻,我在想,或许连接你我的不是脐带,而是我们都有认真对待生活每一天的共同热爱。

2. 写脚本步骤

01 按照表格模版内容,把文案拆解成每一句话,然后填入空格里,如表2-4所示。

表 2-4

亲子宅家玩拼图脚本分镜							
序号	场景	分镜	景别/运镜	画面内容	时长/秒	旁白
						看似平淡如水的日常,总会因为那么一两件小事,在心底泛起涟漪
						在周末的早上9点
						随着门铃响起
						我们收到了崭新的贺年拼图
						没想到,我这小小的爱好
						竟通过十个月的脐带连接,把乐趣基因带给了你
						我们并排坐着,分工完成这120片拼图
						这一刻,我在想
						或许连接你我的不是脐带
						而是我们都有认真对待生活每一天的共同热爱

02 针对每一句文案表达的画面内容进行分镜拆解。在此之前,对文案每一句话的内容分别录音,看一下时长,从而判断哪些画面可以再进行拆解。如第一句话的时长是8秒,一般来说会做2或3个画面的拆解。每个画面时长不能过长,否则会显得拖沓,且不够吸引人们注意力,如表2-5所示。

表 2-5

序号	场景	分镜	景别/运镜	画面内容	时长/秒	旁白
					8	
						看似平淡如水的日常，总会因为那么一两件小事，在心底泛起涟漪
					2	在周末的早上 9 点
					2.5	随着门铃响起
					4	我们收到了崭新的贺年拼图
					3	没想到，我这小小的爱好
					6	竟通过十个月的脐带连接，把乐趣基因带给了你
					6	我们并排坐着，分工完成这 120 片拼图
					3	这一刻，我在想
					3.5	或许连接你我的不是脐带
					6	而是我们都有认真对待生活每一天的共同热爱
				预计时长	44	

03 完善画面内容和景别的切换，对于新手来说，刚开始拍摄会有一些紧张感，而详细的脚本会减少紧张感，让拍摄者在短时间内做出高效率的拍摄，如表 2-6 所示。

表 2-6

序号	场景	分镜	景别/运镜	画面内容	时长/秒	旁白
1	厨房	分镜一	特写	洗草莓时，水龙头出水的画面	2	看似平淡如水的日常，总会因为那么一两件小事，在心底泛起涟漪
2		分镜二	中景	妈妈洗草莓时背影画面	2	
3		分镜三	近景	侧拍洗草莓	2	
4		分镜四	特写	俯拍/水滴落在草莓的盆里，激起涟漪	2	
5	客厅	分镜一	特写	钟表时间画面	2	在周末的早上 9 点
6		分镜二	近景	门铃响，小朋友开门	2.5	随着门铃响起
7		分镜一	中景	一起拆快递的画面	2	我们收到了崭新的贺年拼图
8		分镜二	全景		2	
9		分镜三	特写	拼图的画面	3	没想到，我这小小的爱好
10		分镜四	中景	小朋友收到礼物的欣喜	2	竟通过十个月的脐带连接，把乐趣基因带给了你
11		分镜五	特写	小朋友捧着拼图的特写	2	

续表

亲子宅家玩拼图脚本分镜						
序号	场景	分镜	景别/运镜	画面内容	时长/秒	旁白
12	卧室	空镜头转场	特写	卧室某一个小摆件的特写	2	我们并排坐着,分工完成这120片拼图
13		分镜一	中景	亲子并排坐着的画面	2	
14		分镜二	近景	小朋友玩拼图的画面	2	
15		分镜三	特写	妈妈玩拼图的特写画面	2	这一刻,我在想
16		分镜四	中景	妈妈玩拼图的中景画面	3	
17		分镜一	全景	亲子合体的画面	3.5	或许连接你我的不是脐带
18		分镜二	特写	成组拼图汇在一起的画面	2	而是我们都有认真对待生活每一天的共同热爱
19		分镜三	近景	亲子击掌的画面	2	
20		分镜四	中全景	亲子相视而笑的画面	2	
				预计时长	44	

04 除了基本脚本内容,还可以做更详细的表格,如增加备注,为对应画面添加音效,参考画面内容的构图、机位等。即使是零基础的拍摄者"照葫芦画瓢",也可以拍摄出很不错的片子,如表2-7所示。

表2-7

亲子夏日告白分镜								
序号	场景	参考画面	画面内容	运镜/机位	景别	时长	旁白	音效
1	户外公园		树干空镜	平视/平移	特写	2	宝宝:妈妈,我好喜欢夏天啊	蝉鸣声
2			前景虚化,人物走过的画面	平视/固定	中景	3		
3			树叶光影斑驳的画面	仰视/环绕	特写	2	妈妈:为什么啊	蝉鸣声
4			小朋友学知了的叫声	平视/平移	近景	2	宝宝:因为夏天有蝉鸣,每天都知了知了,好好听啊	

第 3 章　亲子短视频拍摄要点

本章介绍拍摄亲子短视频需要的基础拍摄设备，拍摄的光线、景别和构图，亲子拍摄的拍摄角度和拍摄机位，以及亲子短视频的拍摄技巧。

3.1 拍摄设备和设备辅助设置

拍摄短视频时,手机和相机有哪些辅助设置对新手而言比较友好?了解一些基础的视频拍摄设置,可以帮助新手快速上手拍摄。

3.1.1 拍摄设备和收音设备的选择

1. 拍摄设备的选择

新手摄影师应该如何选择拍摄设备呢?可以从以下两个方面来考量。

(1)轻便。

轻便的拍摄设备更方便妈妈拍摄。妈妈带孩子出门时,通常情况下会背着干纸巾、湿纸巾、水壶、小零食等一系列物品,所有东西加上背包本身的重量至少在1.5kg左右。若再加上相机的重量,大部分人可能会因为太重而放弃拍摄,所以,选择拍摄设备时,轻便是重要的因素。

(2)预算内选最合适的。

新手在选择拍摄设备的时候遵从一个原则:只买对的,不买贵的。在力所能及的范围内选择更合适的设备,可以重点参考表3-1所示的几个方面,以挑选适合自己的拍摄设备。

表 3-1

拍摄设备参考				
设备型号	搭配镜头	参考价格	拍摄参数	设备重量
(列举)				

2. 收音设备的选择

预算不足的情况下,可以考虑在安静环境下,直接用相机原声或手机语音备忘录来录制旁白配音。有额外预算的话,可以增加收音设备,一般有无线领夹麦和指向型机顶枪麦两类,如图3-1所示。

图 3-1

无线领夹麦常用于人物的对话收音和旁白口播录制，而指向型枪麦常用于环境音的收音，拾音区域通常集中在话筒轴心的正前方。可以根据预算去选择适合自己的收音设备，如图 3-2 所示。

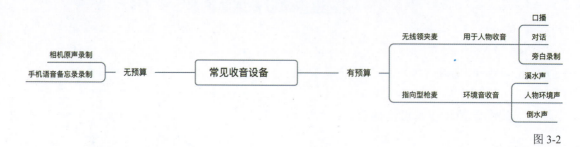

图 3-2

3.1.2 手机拍摄的辅助设置

辅助设置主要分为手机本身的设置和借助第三方软件辅助拍摄的设置。

1. 手机本身的参数设置

（1）关闭"原彩显示"。

以 IOS 系统的手机为例，设置菜单中的"原彩显示"开关若是打开，会对屏幕显示色彩有所影响，所以一般情况下选择关闭，如图 3-3 所示。

图 3-3

（2）视频格式设置。

视频素材的清晰度和手机设置的参数有关，打开手机的设置，可以看到许多参数，如图 3-4 所示。

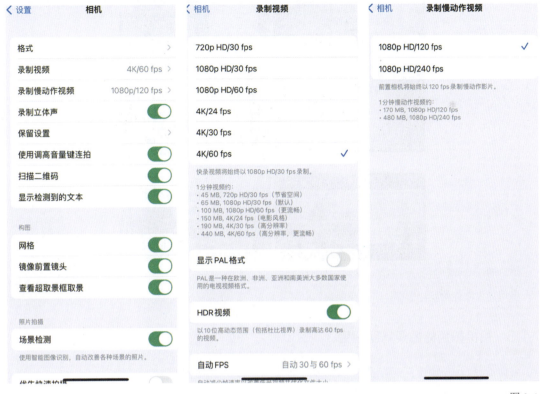

图 3-4

4K/60fps 中的 60 是指每秒出现 60 帧连续图像，数值的大小代表每秒可记录的连续图像。数值越大所采集到的信息越多，1 秒内获得的连续图像越多，也意味着视频素材所占用的空间越多。可以根据自己手机的存储空间和剪辑习惯选择合适的参数。

2. 第三方辅助软件

除了手机本身的相机，也可以通过第三方专业软件辅助拍摄。利用第三方软件拍摄的优势是，可以根据现场环境调节拍摄的参数，例如白平衡、曝光、焦距等，如图 3-5 所示。

图 3-5

有些第三方软件是模拟 DV 机和复古胶片拍摄的。像 DAZZ 相机里的 8mm 胶片摄影机，不同的边框设置所呈现的效果也略有区别，如图 3-6 所示。

图 3-6

借用复古软件的胶片模拟,可以帮助我们丰富视频素材,增加视频作品的多样性。

3.1.3 相机拍摄的重要辅助设置

短视频为动态的影像,本质是由一张张图片形成的。摄影最基础的三要素为快门、光圈和 ISO。通过调节三者之间的关系来获得想要的视频画面。

用相机拍摄视频时,需要以下三个辅助设置。

(1)把相机的挡位调至视频挡位,可以更大程度地记录画质的更多内容。

(2)把曝光模式调整为手动曝光,可以更好地辅助手动控制参数,把握画面曝光稳定。以 SonyA7c 和佳能 R10 为例,如图 3-7 所示。

图 3-7

（3）180°快门角度原则。由于人眼对于物体运动模糊的感知能力不同，所以对快门、光圈和ISO有不同的设置参数，其中，快门速度的分母数值为视频记录帧率的2倍。例如，视频的记录设置为4K/30fps，那么快门速度将设置为1/60，低于这个快门速度，画面会出现拖影现象；而快门速度过高，人眼观看会处于不舒适的状态。故而，电影感的清晰画面，常常是快门为固定设置。当ISO为100时，不同的快门和光圈下拍摄的视频截图如图3-8所示。

快门1/60 光圈F2.2 正常拍摄　　快门1/15 光圈F5.6　　快门1/4 光圈F7.1

图 3-8

为了强调拖影氛围感，也会使用慢门拍摄，例如，流动的车尾灯或法式浪漫氛围的人物奔跑。另外，拍摄电子屏幕时，若出现频闪，也可以适当降低快门速度，从而获得稳定曝光的画面。

快门速度固定不变，并不意味着可以随意调节ISO和光圈大小，光圈大小决定景深层次。光圈越大，背景越是虚化，呈现的画面氛围感就越强；光圈越小，背景也会越来越清晰。ISO影响的是画面的画质，ISO越高，画面噪点越多，画面就不够纯净，所以在不影响画面噪点的基础上，可以增加ISO的数值来确保画面的质感。

以支持4K/30fps的机型为例，白天户外拍摄时，快门速度为1/60，光圈为3.2，ISO已经在最低值，若画面还是过曝，可以适当调小光圈，也可以借助减光镜，携带一个可调节挡位的ND镜，安装在相机镜头前，根据现场的需要调节挡位，减少进光量，确保画面的曝光稳定。

昏暗的弱光环境下，快门速度为1/60，若光圈已调至最大，则首选利用补光灯或补光棒给人物补光，其次是增加ISO的数值来确保画面的曝光正常。

在拍摄视频时，若想得到曝光正常的画面，三要素的调节关系如图3-9所示。

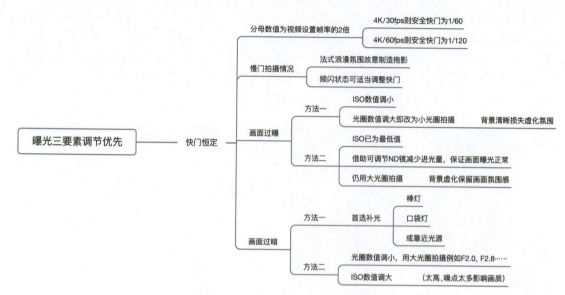

图 3-9

3.1.4 相机直方图对于视频出片的重要性

想要得到曝光正常的画面，可以借助相机中直方图和斑马线的设置。每一款相机型号不同，菜单也会有所不同，可以对照相机说明书，把直方图显示信息和斑马线显示打开。

1. 直方图

直方图的显示信息对于准确曝光的画面有至关重要的影响。直方图是画面中不同亮度像素分布的图形工具，如图 3-10 所示。一个曝光正常的直方图，显示信息均匀分布在中间位置，拍摄者常以此来辅助判断画面的明暗。

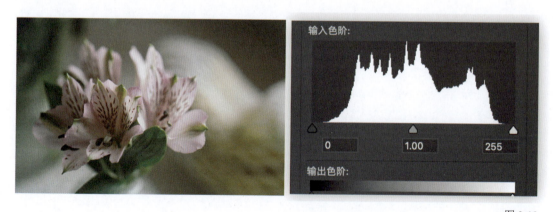

图 3-10

例如，图 3-11 所示为在不同的参数调整下，获得的三张不同情况下的画面。从图片右上角的直方图中不难看出，影像的像素值偏右，甚至有些溢出时，曝光过度，画面太亮；影像中许多像素的值偏左时，画面曝光不足；像素分布均匀时，画面曝光正常。

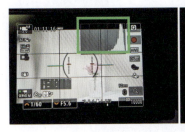  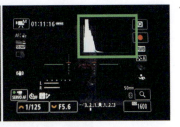

图 3-11

以直方图显示信息为基准来判断画面的明暗关系，能使拍摄者更加精准地把控画面曝光。

影响直方图信息的除了控制曝光的三要素之外，其中测光模式的选择也会对画面信息有所影响。以点测光为例，测光是指数码相机对所拍摄物体主体亮度的测量，然后依据自身的算法达到正常曝光的技术。相机测光以后，会显示曝光标尺。标尺数字正下方的点代表测光点所处位置的曝光是否正常。一般 Sony 的相机显示屏幕会略暗一些，可根据实际情况调节，如图 3-12 所示。

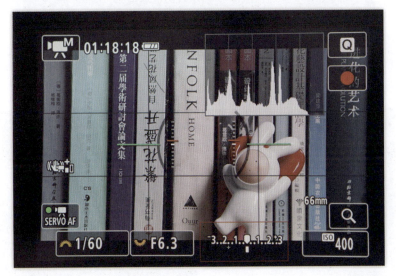

图 3-12

2. 斑马纹

斑马纹的作用是提示里画面是否有过曝的部分。斑马线水平的设定，根据机型的屏幕显示亮度和个人的拍摄习惯来讲略有不同，如图 3-13 所示。

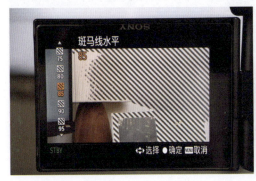 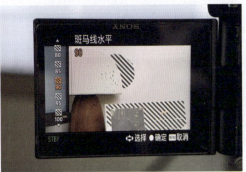

图 3-13

3.1.5 相机标记式样显示对于画面构图的影响

相机标记式样对于视频出片画面有所影响。如 Sony A7c 中,"标记显示"和"标记设置"打开状态如图 3-14 所示。

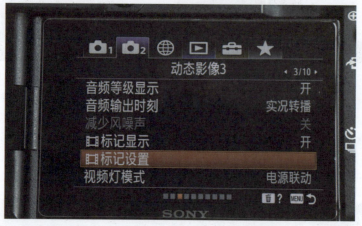

图 3-14

打开引导框或者式样选择,拍摄横屏的视频时,可以设置为式样 2.35∶1,这样后期剪辑时,不会因为裁切画面而破坏原有的构图,如图 3-15 所示。

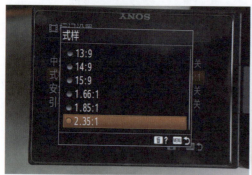 

图 3-15

对于新手而言,在拍摄时,可以把"引导框"打开,方便拍摄时更好地辅助构图,如图 3-16 所示。

图 3-16

例如,把被拍摄主体放在九宫格左侧的 1/3 处,画面更加简洁干净,如图 3-17 所示。

图 3-17

3.2 拍摄光线、景别、构图

拍摄亲子短视频怎样运用好自然光线、有哪些常用的机位，以及可以借鉴电影中的哪些景别和构图技巧？

3.2.1 如何运用好自然光线进行拍摄

光线的基本特性是，光线直接反射到物体或者人物上，因为光线强弱不同，从而呈现出不同的明暗度，随着光源能量和距离的变化而变化。通常户外会比采光不好的室内更容易出片。

光源的方向，依据相机所在被拍摄人物或物体的位置，被分为四种基本类型。

1. 正面光

正面光也叫顺光，光源正对拍摄物体，相机、光源和被拍摄者几乎成一条直线。明暗光线不是很明显，但在顺光下拍摄，天空背景蓝色会更加干净，如图 3-18 所示。

图 3-18

2. 45°侧光

侧光一般为九十点钟和下午四五点钟的光线，太阳散射到地面出现的夹角为 45°侧光时，拍摄画面影调结构和深度看起来会比较立体，也有较为明显的明暗关系，在电影拍摄和亲子短视频中是比较常用的光线，如图 3-19 所示。

图 3-19

3. 逆光

逆光常常用来拍摄落日或剪影,以烘托画面的氛围。光源在被拍摄对象的后面,相机、被拍摄对象和光源在一条线上。被拍摄对象会有一个明亮的轮廓,也叫作轮廓光,逆光拍摄时,被拍摄对象会有一种高反差的影像,如图 3-20 所示。

图 3-20

4. 侧逆光

侧逆光在拍摄视频或者照片时,在某种程度上,弥补了逆光的曝光不足,但又很好地表现出明暗关系以及背景轮廓光,如图 3-21 所示。

图 3-21

3.2.2 基本景别镜头类型

1. 景别的定义

拍摄景别是指被拍摄的主体在拍摄画面中所呈现的大小和范围。图 3-22 所示框架中所选中的范围即对应不同的景别。

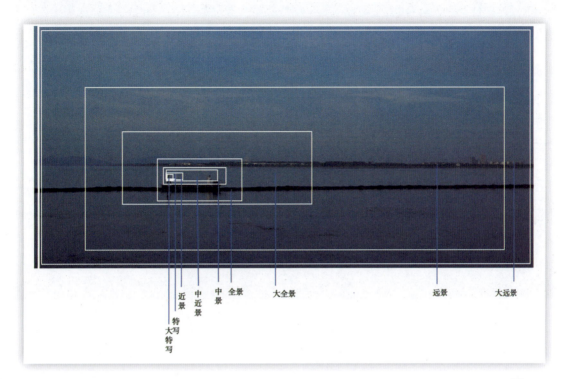

图 3-22

决定景别范围和大小的两个因素,一是拍摄设备和被拍摄对象的距离远近,二是拍摄相机的镜头的焦距长短。两者对景别的区分有决定性的作用。若拍摄角度不变,拍摄距离可以改变画面的景别大小。距离越近,被拍摄对象在画面中的占比越大。

当固定机位不动时,调整相机镜头的焦距,也可以实现画面景别的切换。例如,18-150mm 的变焦镜头,当距离不变,调整焦距画面的景别就会有所变化,如图 3-23 所示。

图 3-23

2. 景别的分类

如果按照电影区分景别有很多种,而应用在亲子短视频中的常见景别有以下几类。

(1) 远景。

远景画面人物在画面中的占比较小,表现比较辽阔的视野。当想要展示人物的渺小与环境的对比,或者展现自然风貌时,可以用远景或者大远景,如图 3-24 所示。

图 3-24

（2）全景。

全景表现人物的全身形象或者某个场景的全貌。但这并不意味着人物把画面占满，而是保留一定范围的空间和留白，突出拍摄主体。以人物肢体来说，常常包含人物从脚到头的全貌，用来交代故事发生的场景以及人物和环境的背景关系，或是强调人物的整体动作，如图 3-25 所示。

图 3-25

（3）中景。

中景是视频拍摄时常使用的景别，被拍摄主体占据画面的 2/3 左右，人物的膝盖以上位置。起到突出画面重点的作用，叙事功能较强。当人物发生某一动作时，常用中景拍摄，如图 3-26 所示。

图 3-26

（4）近景。

如果说中景强调动作，那么近景则更注重人物情绪的传达。以人物为基础划分，近景常聚焦在人物胸部以上的位置，可以捕捉人物微妙的动作，能够生动地刻画人物心理活动，传达情绪，如图 3-27 所示。

图 3-27

（5）特写。

特写画面展现更多的细节，更能够吸引观众眼球。拍摄亲子短视频时，大手拉小手的特写，更能够让观众有代入的情绪，也能够丰富拍摄画面，如图 3-28 所示。

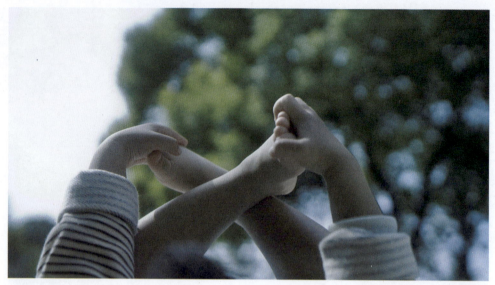

图 3-28

策划拍摄时，可以根据所拍摄的环境和场景来决定需要拍摄哪些景别的画面素材。在后期剪辑时，才能够有足够多的素材来丰富画面，让视频不会单调乏味。

3.2.3 三段式拍摄递进关系

三段式拍摄技巧可以简单地理解为 3W 拍摄技巧，即 Where、Who、What，也就是分段式拍摄技巧。若在户外，可以大远景交代事件发生场景，中景或者全景交代故事发生过程，特写画面补充细节，按照递进式关系后期剪辑，能够更加完整交代故事的发生。

常用的方式可以是顺序或者倒序的排列，即大远景、全景、中景、近景、特写，或者是特写、近景、中景、全景、远景，如图 3-29 所示。

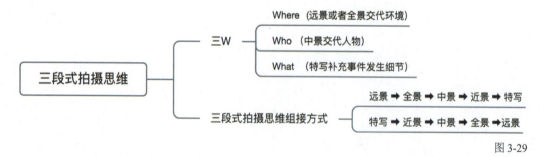

图 3-29

在剪辑顺序上，通常情况下，特写画面是不能直接和大远景画面组接的，容易产生视觉上的跳跃感，大脑接触信息需要一个循序渐进的过程。画面组接的过程中，可以选择 2~4 个画面来组接，由视频故事的时长和画面来选取景别，如图 3-30 所示。

图 3-30

当然，景别不是固定不变的，需要根据拍摄素材来决定怎么使用。视频比照片有更多的可能性，运动的人物、声效和不同的景别排列出的画面，呈现出的故事都会有所不同，照片和视频所带来的直观感受也是不一样的。

3.2.4 注意环境空镜头和人物的关联性

1. 空镜头

空镜头也叫"景物镜头"。常被用来介绍环境背景、交代时间空间，或在一些电影中用来做伏笔推动事件发展，或借助表达某种情绪。

2. 空镜头的分类和作用

空镜头有写景与写物之分，前者通称为"风景镜头"，往往用全景或远景表现；后者又称为"细节描写"，一般采用近景或特写。

空镜头不只用来描写景物，还能结合抒情与叙事的手法，是提升视频艺术表现力的重要手段。

3. 空镜头的画面要与发生事件的人物和环境相关联

通过事件发生的场景或某个摆件的特写细节，可以展现视频的艺术性和美观性。在后期剪辑时，所选取的空镜头素材一定要和人物所发生的故事和场景产生关联，才能够让整部视频具备合理性和逻辑性。

如下午茶时光，加入咖啡桌上面的花瓶摆件，不仅会让视频画面更加有呼吸感，同时避免了视频画面全是人物的局促感，还可以传达咖啡店格调宜人的情绪。

如餐厅就餐，如果只拍全景、中景和近景下的人物就餐状态，观众容易产生视觉疲劳，可增加餐厅外围的全景镜头，或者正在吃的一些食物的细节特写。

如等公交车回家的场景，拍下公交车的空镜头，可以很好地推进故事发展。

如图 3-31 所示。

图 3-31

3.2.5 常见的电影感画面构图技巧

电影感画面构图来源于电影的观看积累，在了解到一些基础的构图技巧之后，代入拍摄者的身份去观看电影，可以更好地理解电影感画面构图。

接下来以简绘的方式罗列出几种常见的电影画面构图技巧。

1. 框架式构图

框架式构图以门框或几何图形的物体为框架结构，对被拍摄人物或者物体的框选拍摄，更能够突出主体，如图 3-32 所示。

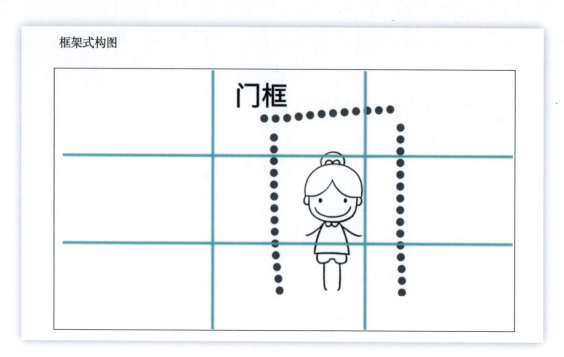

图 3-32

2. 对称式构图

对称式构图常用于对称性的建筑或有对称结构的物体,如图 3-33 所示。

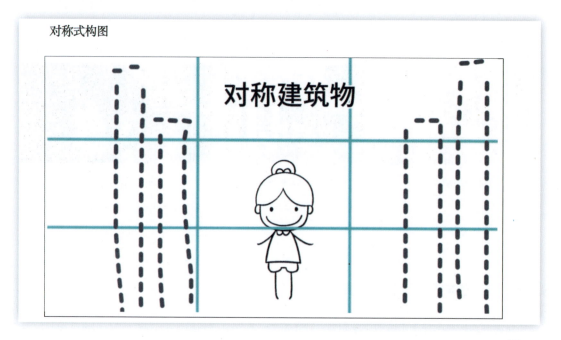

图 3-33

3. 中心构图

中心构图与对称式构图如出一辙,相同的是,都把被拍摄对象居中放置,从而来突出主体。不同的是,中心构图可以把任意拍摄主体放在中心位置,如人物面部情绪的特写镜头,如图 3-34 所示。

图 3-34

4. 对角线构图

对角线构图是指画面中存在一条对角线，被拍摄对象位于对角线上，如草地斜坡或几何线条，如图 3-35 所示。

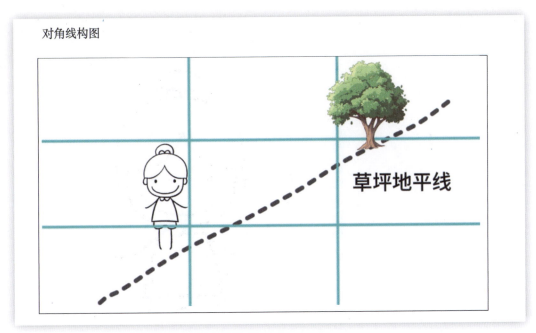

图 3-35

5. 九宫格构图

九宫格构图是把被拍摄对象放置于九宫格上的四个交叉点位置，四个交叉点刚好是观众视觉上比较敏感的地方。拍摄远景时,把被拍摄主体放在交叉点上,视觉呈现上更有吸引力,如图 3-36 所示。

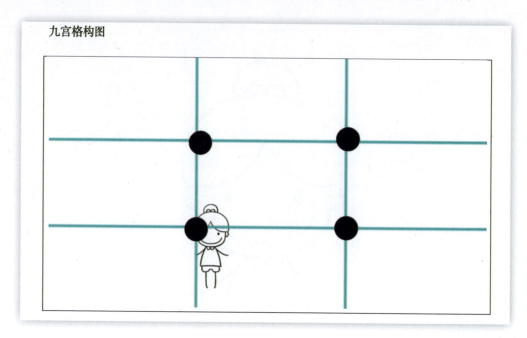

图 3-36

6. 三分法构图

三分法构图是把拍摄画面三等分,可以横向或竖向划分,在拍摄人物时,常常习惯把人物放在画面位置的 1/3 处或稍偏一些,如图 3-37 所示。

图 3-37

大远景的风景也常用到横向的三等分划分,把人物放在下面 1/3 处,如人物奔走在山峰之中或人物走在沙滩边等,如图 3-38 所示。

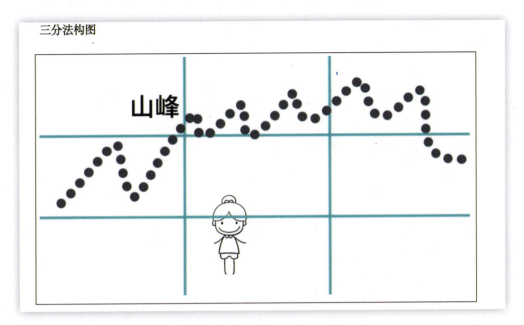

图 3-38

7. 前景遮挡构图

前景遮挡构图是在拍摄环境中,借助可用物体进行前景的遮挡,增加画面层次和空间感,这也是日常视频拍摄中常用的一种构图方式。桌子上的花瓶、餐厅的椅子、人物肩膀等,都属于借助前景遮挡物构图拍摄,如图 3-39 所示。

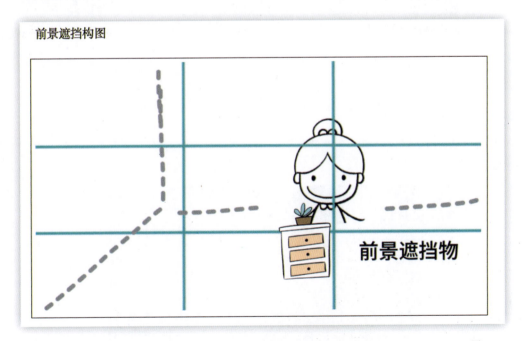

图 3-39

在亲子短视频拍摄中,常用的就是以上几种构图技巧。等到拍摄练习的次数足够多,可以再根据拍摄画面的光影感或道路和建筑近大远小的视觉特点,进阶消失点构图和特殊视角构图。通过大量练习来形成拍摄时的肌肉记忆,在后期慢慢拍摄的过程中,就能根据场景调动肌肉记忆,找到适合的构图方式。

3.3 亲子短视频拍摄角度和拍摄机位

亲子短视频拍摄角度可以从小朋友的视角出发,必要时可以放低机位,模拟小朋友看到的主观视角。

3.3.1 如何运用主观视角和客观视角

主观视角和客观视角是指拍摄出来的电影画面,传达的视觉感受,是由拍摄者还是被拍摄人物所看到的角度来划分。

1. 主观视角

主观视角可以让观众有身临其境的体验感,如拍摄小朋友画画时,可以展示拍摄者看到的画面,也可以模拟出小朋友主观看到的画面来作为细节补充,在一定程度上增加了故事画面的细节,如图3-40所示。

图 3-40

2. 旁观者视角

旁观者视角提供了一个更为客观的观察角度,观众可以从旁观者的角度去看待故事的发展。

3. 窥探视角

以遮挡物构图技巧或模拟画面来代入观众感受,模拟传达第三者窥探的视觉情绪,比较富有趣味性和丰富性,如图3-41所示。

图 3-41

在亲子短视频拍摄中，用主观和客观视角的组接来丰富画面。拍摄环境（Where）和故事发生的人物（Who）采用客观视角拍摄，交代人物和环境，做了什么事情（What）可以适当地增加主观视角的拍摄角度。从被拍摄人物的感官感受来思考拍摄，用视觉、听觉和触觉的质感，代入观众的感官，从而进一步和观众拉近距离，让观众产生身临其境的感受。

3.3.2 亲子短视频常用的拍摄机位

如果把被拍摄物体当成一个圆球体来看，摄像机可以放在球体任意一个点的位置，可以选择的机位便有了无限种可能性，如图 3-42 所示。

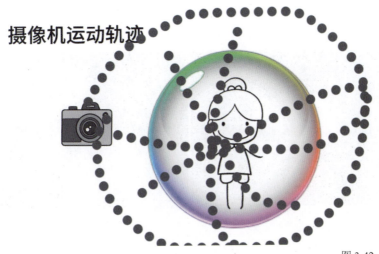

图 3-42

把摄像机分别放置在被拍摄对象的正上方、下方、左方、右方、前面和后面，便会产生不同的拍摄效果。不同的位置称为"机位"，常见的机位名称对应的拍摄画面如图 3-43 所示。

图 3-43

很多新手拍摄小朋友时，常以大人的身高直接拍摄小朋友。应该多变化机位，适当地蹲下来，保持摄像机和小朋友平视或者低机位仰拍，多做尝试变换，多尝试不同机位，或许可以创作更精彩的视频作品。

3.4 亲子短视频的拍摄技巧

亲子短视频中欢乐的氛围、小朋友的童真可爱的情绪，是视频中不可或缺的渲染氛围的拍摄技巧，可以通过哪些方式来捕捉小朋友和家人互动时的温馨画面呢？

3.4.1 借用孩子的眼睛拍摄

小朋友与大人所观察到的视角是不一样的，可以通过和小朋友交谈捕捉信息，找到被忽略掉的不同的视觉元素，如小朋友把两个拐杖糖果放在一起拼成爱心形状，如图3-44所示。

图3-44

观察小朋友的视角，再用艺术化的拍摄方式来模拟小朋友的眼睛所观察到的世界。甚至可以把摄像机挂在小朋友的脖子上，利用小朋友身高矮小的特点，全程仰拍角度完成整部视频，模拟小朋友眼中的世界，使画面更丰富多彩，总结如图3-45所示。

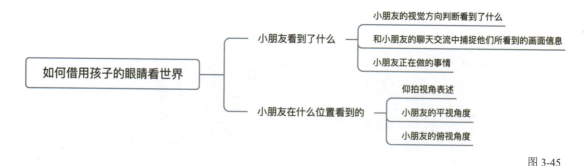

图3-45

3.4.2 记录小朋友搞怪的瞬间

小朋友总是很古灵精怪的，记录下淘气包的视频会更有意思。小朋友要搞怪，就任由他们搞怪，甚至还可以陪他们一起搞怪。有时候也需要引导，如小朋友躲在树林里玩捉迷藏，作为拍摄者可以和他们一起玩游戏，这样能够更好地捕捉到小朋友的搞怪表情，如图3-46所示。

图 3-46

小朋友的想象力总是超出你的想象，作为拍摄者只要给予游戏设定，然后任由他们尽情发挥即可，如图 3-47 所示。

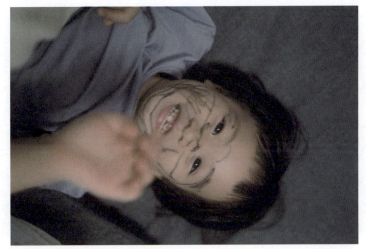

图 3-47

3.4.3 多拍孩子的局部特写

在亲子视频拍摄中可以多拍一些关于小朋友的小手小脚的特写或者情绪特写，例如小朋友在某个阶段爱吃的食物，如图 3-48 所示。

图 3-48

小朋友和大人互动时的特写画面，如图 3-49 所示。

图 3-49

记录小朋友的找影子游戏画面，如图 3-50 所示。

图 3-50

除了孩子身体的局部本身，还可以记录小朋友的衣物、鞋袜（图 3-51 所示）、奶瓶、口水巾等物品的特写。

图 3-51

当小朋友在做游戏时，特写捕捉身体局部动作的变化，会让视频的素材更加有层次。在和小朋友互动时，可以多引导小朋友的细节动作，从而记录细节特写。

3.4.4 记录不同时期的同一动作

记录不同时期的相同动作或相似场景，如小朋友幼儿园时期和小学时期在相似地点的相同动作，将它们保存在同一个文件夹里，等积累到一定数量时，可以在生日或年底成长总结等视频中添加这类素材，传达时光变迁，记录小朋友慢慢长大的画面，如图3-52所示。

图 3-52

进阶剪辑时，可以尝试电影级别的转场，让衔接画面达到视觉连续和转场顺畅的目的，如图3-53所示。

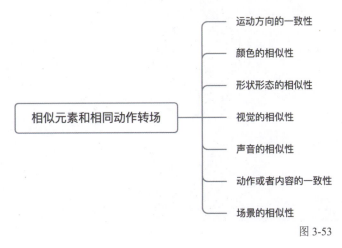

图 3-53

3.4.5 怼笑脸拍摄增加情绪氛围

小朋友的情绪和笑容是最具感染力的。拍摄过程中,从引导小朋友玩游戏到按下快门,小朋友会一直沉浸在自己的快乐氛围中,声音和音乐也能够烘托情绪氛围,如图 3-54 所示。

图 3-54

拍摄亲子短视频多半是想要记录他们快乐的童年,拍摄客片也是一样。给客户拍摄视频时,笑脸的画面占比可以适当高一点。

想要捕捉小朋友快乐的情绪氛围,少不了要逗小朋友开心,除了做游戏,也可以适当地准备一些道具,如泡泡水、棒棒糖、捕虫网、毛绒玩具、气球等道具,通过道具和游戏引导,往往可以收录非常不错的画面,如图 3-55 所示。

图 3-55

3.5 拍摄亲子短视频的基本原则

亲子短视频拍摄原则和电影拍摄原则相似,可以通过借鉴电影拍摄原则,从而总结出亲子短视频拍摄原则。了解拍摄亲子短视频的基本原则,可以少走一些弯路。有时候也并非是一成不变的,可以视情况而定。

3.5.1 人物运动和银幕方向的一致性

1. 银幕方向的一致性

银幕方向指将画面中轴线一分为二,画面的左右分别对应银幕的左右侧,影片空间所反映的亦是真实世界,所以人物在运动时,银幕的方向需保持一致性。如图 3-56 所示,人物从桥上走过时,分别拍摄了特写画面、大全景、远景画面。人物行进的方向保持了一致性,全部为从右至左的运动方向,若中间那张图的行进方向改变为向右行进,而其他两个画面不变,容易使观众感到困惑,混乱剪辑思维,从而产生排斥感。

图 3-56

2. 视线引导的匹配

在拍摄人物时,对于人物视线的方向也讲究匹配度,当人物视线发生转移和变化时,所衔接的画面则为视线范围内所观察到的画面内容,如图 3-57 所示。这种技巧在剪辑上称为"画面引导",使用人物视线引导下一个画面的方式来推进故事发展。

图 3-57

3.5.2 切换机位时注意拍摄动作的连贯性

若用两个以上的景别去拍摄一个动作时,两者之间需要具备衔接合理性。

当拍摄刻印手工的特写画面补充细节时,仍然应该保持相同的连贯性的动作,如图 3-58 和图 3-59 所示。

图 3-58

图 3-59

在拍摄分镜头时,人物发生的动作需要与同一场景中的另外一个角度所记录下来发生的动作近乎高度匹配。在处理后期剪辑时,首先要考虑的就是画面衔接人物动作产生的流畅性与合理性。

如把给宝宝冲奶粉这件事的分镜头衔接完整流畅,可以考虑这么拍摄,如图 3-60 所示。

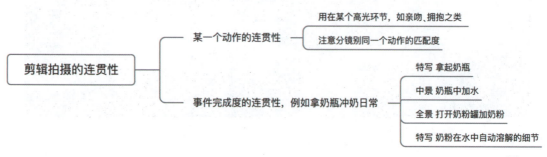

图 3-60

3.5.3 保证画面干净不杂乱

前文说过拍摄的三要素是一个鲜明的主题,一个能吸引注意力的主体,画面简洁干净。在拍摄时,需要考虑摄像机框选住的画面有没有干扰视线的元素。

当画面干扰元素太多,背景杂乱时,可以通过几个小技巧来规避一些杂乱因素。

1. 用前景遮挡

通过增加前景元素,可以帮助拍摄者有效地框选住主体,增加镜头的景深和空间感。取景时,前景元素可以不聚焦,而是对焦在被拍摄主体上,如图3-61所示。

图 3-61

2. 改变拍摄角度

用俯拍机位和仰拍机位规避杂乱的背景元素,如图3-62所示。

图 3-62

使用仰拍视角时，适当把摄像机放置于略低于被拍摄主体的位置，就能得到背景干净一些的画面。

3. 寻找光线

阳光在家里停留的时间是有限的，在光线很好的时间段记录，更能够突出主体，如图 3-63 所示。

图 3-63

4. 增加细节画面的记录，多拍特写

居家环境中，小朋友的玩具和日用品空镜头的加入，也更能够交代居家环境和环境、人物的关系，可以多拍小玩具、小玩偶的特写画面，如图 3-64 所示。

图 3-64

5. 聚焦在人物活动的状态上

多刻画小朋友的状态和情绪，让画面主体更加简洁、清晰，如图 3-65 所示。

图 3-65

able
第 4 章　手机剪辑的步骤和实操

本章主要介绍使用手机剪辑软件的方法、手机视频素材的整理及备份方法,以及在实际剪辑操作过程中常用的功能和技巧。带领读者了解怎样通过有意思的后期剪辑,让视频内容更加丰富和有趣。

4.1 手机如何及时释放空间

若手机里的视频和照片过多，就会导致手机内存越来越满，不仅会影响手机的使用，而且很难快速找到需要的视频素材。适时整理和借助其他方式备份，是及时释放手机内存的好办法。

4.1.1 巧用日期地点整理素材

根据种类和拍摄时间，可分为三种情况整理素材。
- 拍摄当天单独的视频或照片素材。
- 照片和视频同时拍摄的素材。
- 以往未整理的素材。

1. 单独的视频或照片素材整理

对误按快门的照片或视频素材及时删除，统一勾选照片或视频新建相簿文件夹，以时间、地点或特殊节日来命名可以及时帮助查找素材，如图4-1所示。

图 4-1

2. 照片和视频同时拍摄的素材整理

当照片和视频素材都非常多时，可以先以时间和地点来命名主文件夹，然后分为照片和视频素材两个子文件夹。

以时间或地点命名的文件夹在上传网盘后，整理和查找文件时也会更加方便快捷。手机里的照片和视频需要定期整理，释放内存，预留的内存多，才可以放心拍摄素材，每天使用手机拍摄的心情也会更加舒畅。

3. 以往未整理的素材整理

对未整理过的照片和视频，可以借助第三方软件来进行云整理和存储。很多第三方软件可以根据时间、地点、人物进行自动备份。

对照片和视频素材的整理可以参考图4-2所示的思维导图。

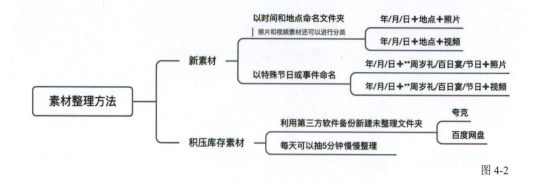

图 4-2

4.1.2 源素材的云端存储整理

接下来以上传至百度网盘为例,介绍已经整理好的素材文件如何上传到云端存储。选中素材,在网盘里新建子文件夹,根据自己的文件素材看是否需要再建立或者移动子文件夹。为了方便查找,可在网盘中以年份为名建立主文件夹,再建立月份的子文件夹,再在月份的子文件夹中建立具体到某天、某事或某地的子文件夹,如图 4-3 所示。

图 4-3

还可以按个人喜好和习惯来进行文件夹的分类和命名,如以拍摄客片的素材名称来进行子文件夹的命名,或以某一事件的发展进程来命名,或以旅拍的地点来命名。根据拍摄习惯对素材进行整理和分类,不管是网盘存储,还是计算机端硬盘存储,整理收纳的逻辑都是先搭建主框架,然后细分子文件夹。

运用年份/月份/具体事件地点是一种常见的存储收纳的方式。有了关键词,当想用很久之前的源素材时,可以利用关键词快速地搜索到需要的素材,如图 4-4 所示。

以防数据丢失,可以建立私有云空间存储,利用

图 4-4

云端存储的移动网络硬盘,借助网络硬盘支持的软件来进行家庭式共用分享存储和跨区域的异地上传。这种存储方式私密性更强,但是上传速度受网速限制。

可以尝试多种方式,符合自己使用习惯的存储方式就是最适合自己的。

4.1.3 剪映草稿箱的及时备份

无论手机剪映还是计算机端剪映,打开后都会看到草稿和剪映云板块,如图4-5所示。

图 4-5

云空间即将草稿文件完全备份到云端,项目里的所有内容和设置都会完全备份。手机剪映云空间的素材内容也可以和计算机端共享。使用剪映时,软件会在草稿箱自动记录剪辑过程,将其保存为草稿并上传至剪映云空间。手机上传云空间的操作过程如图4-6所示。

图 4-6

草稿项目备份云空间不但方便存储剪辑好的素材，还可以在手机端粗剪之后，接着在计算机端云空间下载素材进行精剪。

 手机剪映的步骤

本节介绍手机剪映的具体操作步骤。

4.2.1 手机剪映的步骤

在导入素材时可以对每一段素材进行粗剪。保留想要的时长和位置，一般控制单独画面在 1~6 秒，由画面表达的情绪和画面的信息密度而定。通常情况下，特写画面给予观众的信息密度低于全景和远景画面，所以时长可适当缩短。

粗剪有以下两种方式。

1. 先剪辑后导入

逐个片段导入时，对每一个片段截取中间有用信息后，导入剪辑软件中，如图 4-7 所示。

图 4-7

2. 先整体导入，逐个剪辑

把所有保留下来的素材一次性全部导入，然后在剪辑页面进行每个片段的剪切。

剪切不必要的画面之后，可以根据自己的习惯来添加音乐，也可以率先选取好音乐，对已选好的音乐进行剪辑之后，再根据音乐添加素材。

4.2.2 音乐和旁白的添加

1. 手机剪辑音乐的添加方式

根据音乐的来源渠道，比较便利的添加方式有三种。

（1）剪辑软件内自带的音频音乐。

添加一段素材之后，点击"音频"面板中的"音乐"面板，在软件自带的音乐库中选择适合的音乐，点击"使用"按钮添加到素材下方，如图4-8所示。

图 4-8

（2）提取音乐添加。

将喜欢的音乐借助录频或录音软件录取下来，紧接着用剪辑软件中的提取音乐功能，只选取保留下来的音乐素材，如图4-9所示。

图 4-9

导入音乐之后，可以借助软件中的节拍点数标记来对音乐进行剪切。做节奏感比较强的卡点视频时，需要音乐的鼓点和画面能够卡在一个点上，点击音乐时，会有波形的形状，借用卡点，把中间重复的节奏删除，可以保留适合视频音乐节奏的部分，同时可以拖动音轨，做首尾的淡入和淡出设置，让音频衔接更丝滑，如图4-10所示。

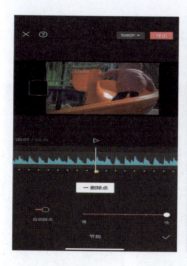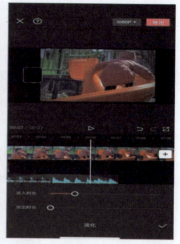

图 4-10

（3）外链添加导入。

受平台限制，外链仅支持抖音分享的链接，其他音乐平台的链接是解析不出来的。

刷到喜欢的视频背景音乐时，可以直接复制链接到剪映，解析出对方二创的音频，包括剪辑时长，这种便利的方式不需要对音乐有过多剪辑，只要在原先的音乐时长上添加视频素材即可。

2. 旁白的添加

（1）借助手机自带的语音备忘录录制音频。

进入剪辑页面，再返回后台找到语音备忘录里的文件，找到剪映的软件图标直接分享，即可直接导入手机剪辑素材，如图 4-11 所示。

图 4-11

（2）剪辑软件自带录音。

用剪映软件自带的录音功能录制旁白，直接点击"录制"按钮即可。

接着用文本菜单里的识别字幕菜单对录音进行文字匹配，匹配过程中可以对停顿部分进行剪切，保留需要的部分即可，如图 4-12 所示。

图 4-12

还可以根据个人喜好，对音频做变声和环境音的处理，如为了配合复古的片段，常常可用到场景音菜单中的扩音器效果，可以对声音做一些复古处理，如图 4-13 所示。

图 4-13

4.2.3 文案字幕的添加

文案字幕分为旁白字幕、解说字幕和标题字幕。

1. 旁白字幕的文本添加方式

用"文本"菜单的"识别字幕"菜单直接识别以后，再对错别字进行修正即可。

2. 解说字幕的添加方式

在"文本"菜单里选择"新建文本"菜单，逐字逐句添加需要添加的文案字幕，并且可以对字幕的字体和排列做出修改，如图4-14所示。

图4-14

3. 标题字幕的添加方式

可选用软件中自带的文字模版，针对节日或旅行等不同的主题有不同的文字模版，如图4-15所示。

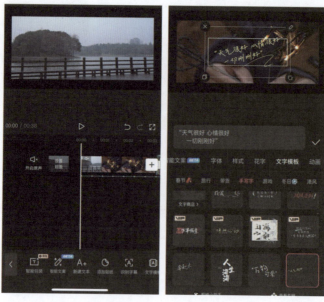

图4-15

还可以对标题字幕做动画处理，常用的就是字体入场时的"渐显"功能和出场时的"渐隐"功能，如图4-16所示。

图 4-16

可以多做尝试,将适合的字体和动画效果收藏起来,作为常用字体输出。在字体的前方,会有"商用OFF"显示,打开后会有可商用标识,这类字体可供个人使用,如图 4-17 所示。

图 4-17

4.2.4 常用滤镜和简单调色

1. 滤镜

软件自带的滤镜是计算机针对大多数素材计算得出的效果,然而拍摄时的光线、运动以及参数设置的不同,即使两段素材套用同一个滤镜,也很难出现同样的效果。在套用滤镜时,不仅要选用合适的,还要对已选用的滤镜做输出时的调节,如图4-18所示。

图 4-18

针对不同场景和画面收藏常用的几款滤镜,下次再剪辑其他项目时,就可以直接根据不同的素材画面套用滤镜并进行调节,如图4-19所示。

图 4-19

2. 调色

调色指通过对视频的颜色、亮度、对比度、饱和度等参数进行调整,以改变视频的色彩效果和视觉感受。

剪映中提供了很多调色工具,包括色相、饱和度、亮度、对比度、色温等基础调色功能,以及色彩曲线、色彩平衡、色阶等高级调色功能,如图4-20所示。

图 4-20

通过调色工具,可以自由地调整视频的颜色和色调,使得视频更加生动、鲜明、富有艺术感。通常情况下,新手对待一个色彩正常的素材片段,只需要调节曝光、对比度和色温即可,且拉动数值的幅度不宜过大,否则不容易补救。等上手之后,再慢慢摸索面板中的 HSL 和色调曲线,HSL 分别对应色相、饱和度和亮度。

在人物画面中,HSL 中的橙色对应人物肤色,可以适当降低饱和度和向右拉高亮度数值。同一个画面,调整橙色饱和度和亮度值的对比如图 4-21 所示,可以看出左图比右图画面更加干净。

图 4-21

调节哪个颜色取决于画面中出现的色彩,若需要着重突出色彩,如唇色或者衣服颜色,可适当增加红色饱和度。

4.2.5 锐化输出和导出格式设置

1. 锐化输出

套用完滤镜和基础调节之后,需要在所有素材下面增加"锐化"调节。锐化会加强边缘反差,可以进一步让画面中的物体更加立体,给人画质高清的视觉。但是拉动的数值并不是越高越好,手机锐化调节为 15~40 即可,如图 4-22 所示。

图 4-22

2. 导出格式设置

设置不同的参数对视频的清晰度有直接影响。在导出视频之前点击"1080P"按钮重新设置视频格式,如图 4-23 所示。

图 4-23

分辨率设置为 1080P，是因为大多数手机端平台会将上传到平台的视频分辨率限制在 1080P 以内。当上传视频分辨率大于 2K 时，视频会受到严重压缩，效果甚至不如 480P 的视频，所以，手机剪映在导出时只需要设置为 1080P 即可。

帧率对应的是视频画面的流畅度，是指一秒的视频包含多少张静态图片，60 帧即对应 60 张静态图片。帧率越高，文件体积也会越大。对于帧率的选择，拍摄日常 Vlog 时，建议使用符合人眼观感的 24 帧 / 秒、25 帧 / 秒或 30 帧 / 秒。

码率是指每秒传输的数据，每秒传输的数据越大，文件所占内存也就越大。

智能 HDR 开启后，会对素材做智能化的转化处理，通常建议设置为关闭状态。

对视频素材进行剪切、调色，或者套用滤镜，以及输出前做锐化处理和对于视频导出的格式设置，才算是完成一整套视频剪辑的流程。

4.3 巧用剪映功能键增加趣味的技巧

手机剪映中有许多菜单，不同的菜单功能不但能让视频制作更加有乐趣，还能让呈现出的视频画面更加丰富。

4.3.1 巧用关键帧制作趣味开头

导入素材之后，点击素材，在播放键的右侧有一个菱形加号的符号，这就是"关键帧"，如图 4-24 所示。

图 4-24

关键帧即非常重要的帧，是在场景发生重要变化或动作发生转折时的帧。可以用关键帧做出很多动画效果，如移动、放大、缩小、旋转等。

如图 4-25 所示，在画面的开头点击"关键帧"符号，不做任何修改，在视频画面的结尾处，手动放大画面，会自动添加一个关键帧。对比之后会发现，一个固定机位拍摄的画面，通过后期关键帧的运用，使视频画面有了推近的运镜效果。

图 4-25

可以通过关键帧的运用,模拟其他横移的运镜效果。例如固定机位拍摄的向日葵空镜头,可以在开头添加关键帧,放大画面,在结尾处拖动向日葵向右移动,使向日葵发生位置的改变,从而模拟横移的效果,如图 4-26 所示。

图 4-26

同样,还可以利用关键帧改变画面不透明度的数值来模拟电影开幕闭幕的效果,如图 4-27 所示。

了解关键帧的底层逻辑,可以尝试对视频画面做出大小、位置、色彩等方面的多种变化,从而制作出更多有意思的视频作品。

图 4-27

4.3.2 巧用蒙版增加画面氛围

1. 蒙版的含义

蒙版是一种可以在视频或图片上创建遮罩层的工具，用于隔离或隐藏某些区域。在剪映中可以使用蒙版来控制视频或者图片的可见性，如创建一个遮罩层，就可以使画面以某种外形遮罩起来。剪映中的"蒙版"菜单包含线性、镜面、圆形、矩形等，如图 4-28 所示。

图 4-28

2. 蒙版的用法

利用蒙版制作出画面从中间拉开的效果。先点击素材选择"镜面蒙版",也可以按照自己的想法随意调整位置和边缘羽化。然后打上关键帧,在视频片段的结尾处再打上关键帧,调整"镜面蒙版"布满整个画面,最终效果如图 4-29 所示。

图 4-29

同样的素材做不一样的蒙版处理,会得到不一样的效果,如图 4-30 所示。

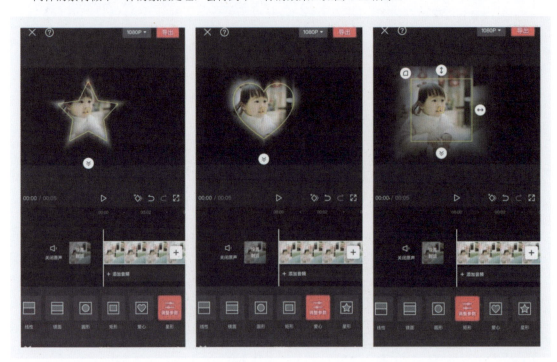

图 4-30

3. 色度抠图

剪映中的"色度抠图"菜单键和蒙版的原理相似，在短视频中常见到的镂空字体就是用这种方法制作出来的，如图 4-31 所示。

图 4-31

先在素材库找到黑色背景素材，调整时长至 4 秒左右。

在素材下面选择喜欢的字体，新建文本内容，字体颜色选择绿色，方便色度抠图处理。

在字体上添加文字动画，让字体看起来灵动有变化，也可以通过后期添加关键帧的方式，对字体的位置和大小做出改变，接着将输出的文本素材导出待用，如图 4-32 所示。

图 4-32

在剪映中新建项目，保留 4 秒左右的时长。在视频下方找到"画中画"，添加刚刚的文本素材。点击文本素材，将"取色器"移动至绿色，"强度"拉至 100，就会得到背景素材只显示字体的画面，如图 4-33 所示。

图 4-33

4.3.3 巧用边框制作画面复古感

不清晰或者质感不好的素材可以通过后期特效加以补救。

如一段手机拍摄的夜景素材,导入剪映之后,在"特效"菜单中点击"画面特效",在画面特效中找到"复古"边框,可以给素材做复古风的边框处理,如图 4-34 所示。

图 4-34

除了"复古"边框,还有胶片模拟的边框,并且可以对边框自带的滤镜进行参数上的调节,如图 4-35 所示。

图 4-35

在剪映的面板中还有"动感"、Bling、"氛围"等其他特效,但不建议轻易尝试。亲子类短视频加上不合适的特效之后,会使画面看起来非常违和,没有质感,如图 4-36 所示。

图 4-36

不论是刚开始接触视频创作的新手创作者,还是有一定基础的创作者,都需要在原有的基础上,提升个人审美,提高创作视频的水平,视频的质感才会越来越好。

第 5 章　剪辑进阶——计算机剪辑的步骤与实操

本章介绍计算机剪辑软件的基础设置、常用剪辑软件的基础功能等内容,为读者展示不同风格的视频调色思路。

5.1 计算机剪辑前的必备工作

使用计算机剪辑前,需要了解自己计算机的性能,判断自己的计算机能否支持剪辑视频;剪辑视频时,存储空间不足应怎样解决;哪些工作习惯可以缓解计算机存储空间压力,从而提升剪辑软件运行速度。

5.1.1 剪辑设备存储空间不足的解决办法

1. 选择适合的剪辑软件

以剪映官网的软件下载指南为例,macOS 端的剪映下载需要具备的条件如图 5-1 所示。

图 5-1

Windows 系统也会给出下载的配置条件,如图 5-2 所示。

图 5-2

其中，在 Windows 系统的安装建议指南上，比 macOS 端多了两个参数，分别为处理器和声卡。自查计算机的配置时，参考以上参数指南，若剪辑软件不能用，则视个人情况升级设备。

2. 硬件存储空间不足的解决办法

若无法更换硬件设备，以 16GB 内存、闪存空间 500GB 的计算机为例，视频剪辑时，若计算机存储空间已不足，且运行卡顿，可以借助外接移动硬盘来增加计算机的存储空间，把剪辑的素材以及大文件文稿都存储在外接移动硬盘上，计算机本身的存储空间就会空出来，如图 5-3 所示。

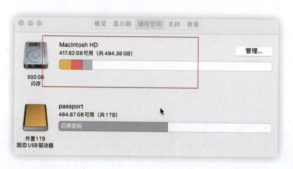

图 5-3

把需要剪辑和编辑的文件缓存在计算机硬盘上，再将剪辑完成的文件存储在移动硬盘上。

还可以外接硬盘和计算机，通过 USB 3.0 或者雷电接口传输，外挂移动硬盘直接剪辑。先把原始视频素材备份到暂时用不到的硬盘 B 上，备份完成后，直接在移动硬盘 A 上进行剪辑。双重保险，以免造成不必要的损失。

在移动硬盘的选择上，可以从体积大小、容量大小（一般至少 1TB 的容量）、散热、传输速度以及计算机的接口兼容性，还有预算等方面考虑，根据自己的需求选择移动固态硬盘或移动机械硬盘。

5.1.2 原始素材的及时备份与整理

计算机端整理原始素材比手机端便捷。将所拍摄的视频素材导入计算机端之后，把素材备份到不常用的硬盘中。以一个 2TB 容量的硬盘为例，可以按照年份、拍摄类别、月份来命名文件夹，如图 5-4 所示。

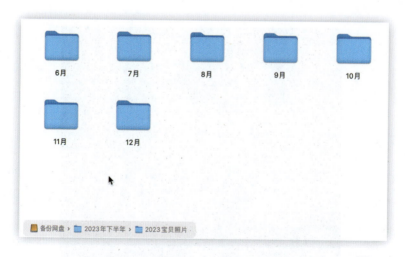

图 5-4

之后按照日期和重要事件、重要场地或某个主题去命名子文件夹的名字，根据素材的种类，再对文件进行分类整理，如图 5-5 所示。

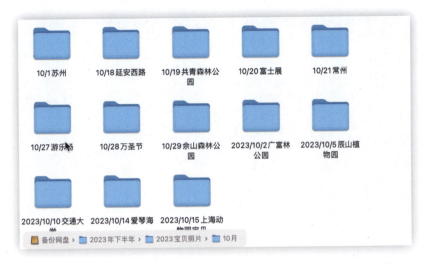

图 5-5

通常情况下，计算机端的操作以及浏览都会产生缓存，所以除了及时清理外接移动硬盘外，也要对计算机自带的硬盘进行清理。

5.2 计算机版剪映的常用面板和实操步骤

计算机版的剪映专业版操作并不复杂，想要通过剪映来掌握剪辑技能，其实并不难。只需要了解剪映面板的常用功能键以及操作流程，在不断练习之后，便可以掌握剪辑技能。

5.2.1 计算机版剪映的常用功能

1."导入"面板

在剪映网页端下载剪映专业版之后，打开剪映软件后的页面如图5-6所示。

图 5-6

单击"开始创作"按钮即可展开剪辑面板页面，单击"导入"按钮即可添加素材，如图5-7所示。

图 5-7

一般情况下，草稿帧率可以更改为 25 帧 / 秒，单击"修改"按钮即可更改帧率，如图 5-8 所示。

图 5-8

2."剪辑"面板

素材导入剪辑面板之后，如图 5-9 所示，检查器窗口处可对这一段素材的画质、音频等进行常规处理。

图 5-9

亲子类短视频常用到的功能键是剪切、画面时间线的缩放与延展。其中，时间线的自动吸附、主轨磁吸和联动这三个功能可以设置为保持打开的状态。需要挪动视频素材的前后位置时，可以关闭主轨磁吸和联动。打开之后，前后两个片段会自动吸附，不会出现中间有黑屏的状况，如图5-10所示。

图 5-10

剪映专业版中，剪切的快捷键是B，取消剪切的快捷键是A，若是对一段素材进行部分片段的截取，可以按I键为截取片段的开始快捷键，按快捷键O则是对这个素材片段的结尾截取，如图5-11所示。

图 5-11

3. "调色"面板

单独片段调色时，在剪辑页面左上角可以手动调节画面，以及套滤镜加文字、贴纸和特效等。在调节功能键中，如果有LUT资源，可以利用LUT快速渲染视频片段，从而改变原始视频素材的色彩。用完LUT之后，再调节画面，如图5-12所示。

图 5-12

统一调色时,在剪映左上角的"调节"面板中,拖动"自定义调节"到整个视频素材或相似视频画面的片段上,进行统一的色彩基础调节,如图 5-13 所示。

图 5-13

4. 特效

"特效"也是常用功能。回忆类视频片段可以通过添加复古的"画面特效"来增加画面氛围,同时还可以增加复古音效,在视听语言上表达会更加完整,如图 5-14 所示。

图 5-14

5.2.2 亲子短视频的粗剪流程演示

（1）浏览整理素材。先大概浏览素材内容，如果拍摄场景较多，可以按照场景命名文件，把不同的场景素材进行分类，在后期选取片段时也会更加高效。如果之前没有分类，所有的素材都堆积在一个文件夹内，可以把视频素材设置为图标模式，后期浏览时，用预览轴快速浏览一遍素材内容，然后对有效片段进行截取，如图 5-15 所示。

图 5-15

（2）搭建剪辑框架。了解素材内容之后，参照拍摄策划脚本，整理剪辑思路和剪辑构架，最后在轨道铺上音乐，如图 5-16 所示。

图 5-16

(3) 添加旁白字幕和音效。若有旁白,可以先添加旁白和文字,再添加场景和特效音效,如图 5-17 所示。

图 5-17

（4）调色处理。将素材大致粗剪以后，再对片段进行调色处理，如图 5-18 所示。

图 5-18

视频的粗剪流程如图 5-19 所示。

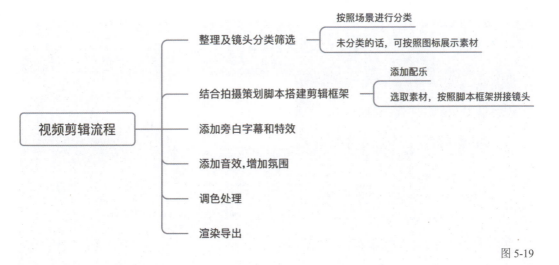

图 5-19

5.2.3 字幕的智能添加和 SRT 字幕文件

1. 智能添加字幕

剪映专业版中的"智能添加字幕"是高效剪辑的功能，对一段旁白录音使用"智能添加字幕"功能之后，可以自动识别音频内容，并且智能匹配文案内容，如图 5-20 所示。

图 5-20

根据个人习惯和用途,对生成的字幕轨道选择合适的字体、位置和大小。除了智能添加字幕,也可以对配乐的歌词进行智能识别,如图 5-21 所示。

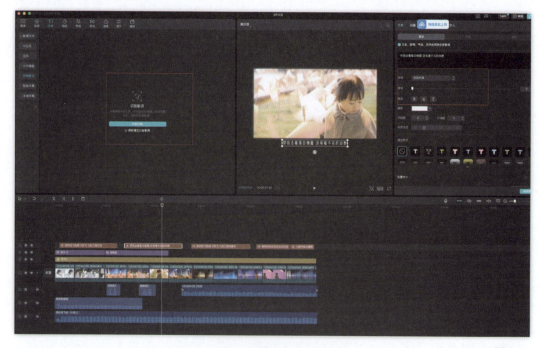

图 5-21

2. 手动文本添加

手动输入文字时,在"文本"中,有很多"文字模版"可以使用,若想给视频添加标题,可以在"文字模版"中选取适合的标题字幕,如图 5-22 所示。

图 5-22

3. 生成 SRT 字幕文件

剪映专业版支持导入和导出 SRT 字幕文件。有的用户习惯使用其他剪辑软件，如达芬奇，达芬奇的语音识别文字功能在识别中文时会生成许多错别字，可以导入一段与视频内容匹配的字幕文件，通过剪映的智能识别字幕功能导出 SRT 字幕文件，再去达芬奇进行操作剪辑，从而提高效率。

具体操作方式为，在剪映软件中，导入与视频内容相匹配的素材，利用智能字幕添加功能，识别文字，然后在剪映的导出设置中，只勾选字幕文件，即可生成 SRT 字幕文件，如图 5-23 所示。

图 5-23

5.2.4 亲子氛围感的调色过程

调色指通过对视频的颜色、亮度、对比度、饱和度等参数进行调整，以改变视频的色彩效果和视觉感受。可以使用剪映自由地调整视频的颜色和色调，使得视频更加生动、鲜明、富有艺术感，如图5-24所示。

图 5-24

1. 调色工具

调色包括基础、HSL、曲线、色轮四个功能。

（1）基础功能。

- 色温：指颜色的温度，控制画面的冷暖，用来调整视频的整体色调，使其更加冷或暖，色温通常用来描述光源的色调，即冷色调（偏蓝色）、暖色调（偏黄色），可以通过调整色温改变视频的氛围和情感的表达，使得视频更加生动有趣。
- 色调：指颜色的基本属性之一，主要用来描述颜色的品质和特征。通常用来描述视频的整体色彩效果，包括色彩的纯度、饱和度、明暗度等。色调可以调节画面中的绿色和洋红色，一般情况是调节画面失衡的颜色。
- 饱和度：指颜色的纯度和强度，可以理解为调节画面颜色的鲜艳程度，越往左颜色越灰，越往右颜色越鲜艳。通过调整饱和度可以让颜色更加鲜明、明亮、柔和。饱和度越高，颜色越鲜艳；饱和度越低，颜色越淡雅。
- 亮度：调节画面中的明亮程度。
- 对比度：调节画面中的明暗对比度，也就是亮的地方越亮，暗的地方越暗。通常在调节画面的亮度之后，对比度就会降低，所以增加亮度的同时，会增加一些对比度。
- 高光：单独调节画面中较亮的部分，可以提亮，可以压暗。
- 阴影：单独调节画面中较暗的部分，可以提亮，可以压暗。
- 光感：与亮度差不多，但是亮度是将整体画面变亮，而光感是控制光线，调节画面中较暗和较亮的部分，中间调保持不变，光感是一个综合性的调整。
- 锐化：调节画面的锐利程度，一般情况下，视频调色可以适当地添加20左右的锐化，视频会更加清晰。
- 颗粒：给画面添加颗粒感，适用于一些复古类的视频，如DV效果。

- 褪色：可以理解为一张放了很久的照片，由于时间的原因褪掉了一层颜色，褪色使画面变得比较灰，比较适用于复古风格的视频。
- 暗角：向右拖动可以给视频周围添加一圈较暗的阴影，向左拖动可以给视频添加一圈较亮的白色遮罩。

（2）HSL 功能。

HSL 功能可以单独控制画面中的某一种颜色，有 8 种颜色可以选择，并且分别对应不同的色相、饱和度和色彩明度，如图 5-25 所示。

图 5-25

（3）曲线功能。

曲线功能包括亮度曲线和红绿蓝曲线，亮度曲线和红绿蓝曲线同理。

向上拖动则画面变亮，向下拖动则画面变暗；如果调整的位置偏左下，则单独调整暗处的明暗；如果调整的位置偏右上，则单独调整亮处的明暗，如图 5-26 所示。

图 5-26

（4）色轮功能。

通过滑动色轮，控制画面的色彩倾向，影响整个图像偏色。剪辑时，若觉得画面的氛围感不足，可通过滑动色轮调节做染色处理，如图 5-27 所示。

图 5-27

2. 亲子氛围感调色处理

亲子短视频的调色可根据素材的拍摄模式分为两种情况。

第一种是相机直出素材。相机原片或手机拍摄的素材，视频画面色彩鲜艳丰富，如富士相机和一些 Vlog 相机直出的素材，因为机身自带电影感 Vlog 设置，可以创建不同风格和氛围的电影感画面，所以拍摄出来的视频画面氛围感很好，这一类素材可以做一些亮度、色彩平衡、阴影、对比度以及锐化的基础调节，如图 5-28 所示。

图 5-28

也可以先选用一个合适的滤镜，然后再做亮度和锐化的基础调节。滤镜的强度不宜拉满，有一点点润色即可，如图 5-29 所示。

图 5-29

第二种是灰片素材。使用灰片模式拍摄的视频素材，也是常说的 Log 模式，一般称为"灰片"，用 Log 模式拍摄是为了尽可能多地提高宽容度，保留更多亮部和暗部的细节和色彩信息。Log 模式下，通常以画面色阶饱和度按照对数的方式压缩，对于肉眼看到的画面素材色彩自然是不正确的。

灰片素材在后期调色处理时，首先进行色彩还原，即套 LUT。选择适合的 LUT，拖动到灰片素材的上方，也可以手动进行还原。做调色处理时，需要把右上角的"调色示波器"打开，便于观察画面的色彩分布信息，如图 5-30 所示。

图 5-30

依据画面信息,再对画面做基础的色彩调节。打开调色示波器之后,单击最高点和最低点时,会出现一个数值,肉眼所感知到最亮部的分布数值通常不超过 896,如图 5-31 所示。

图 5-31

示波器可以分析并提供视频的基本数据,评价画面中的客观元素,如亮度和色彩饱和度,从而更快地进行调色处理。了解色彩原理之后,可以通过色轮对画面的色平衡偏色问题进行色彩处理,包括根据皮肤所在右侧矢量图的分布状况做出色彩校正,还原肉眼见到的真实色彩信息,如图 5-32 所示。

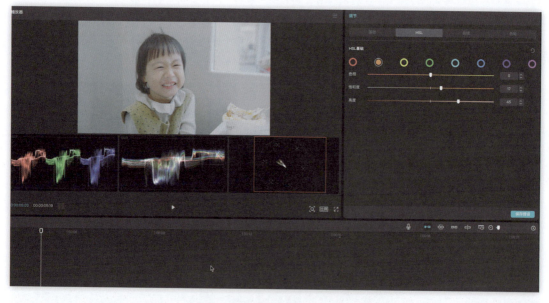

图 5-32

矢量图中,圈中的线条为肤色指示线,仅作为匹配图像和修正肤色的参考,使画面的色彩看起来属于"正常",但并不是所有项目中的肤色都精准地保证在这条线上,如图 5-33 所示。

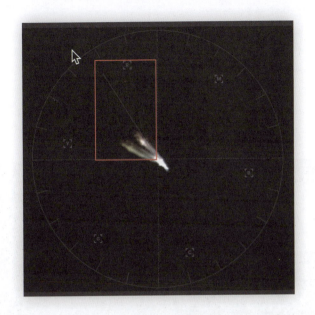

图 5-33

在初期接触视频调色阶段，示波器是帮助新手辅助调色的工具。当然，调色时不能全部依赖于示波器，主要是借用示波器帮助理解所看到的东西，让眼睛保持理性的状态，从而调节出适合的色调画面。

5.2.5 视频的导出格式设置

在剪映中，所有视频素材经过剪辑和调色完成后，导出界面如图 5-34 所示。

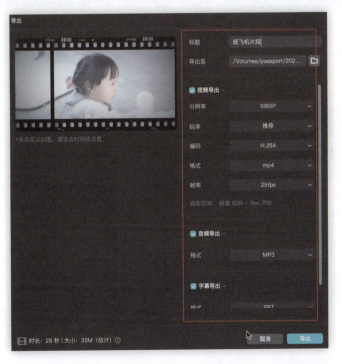

图 5-34

接下来介绍视频的导出格式设置。

- 标题：命名文件。
- 导出至：选择文件存储位置。
- 分辨率：选择1080P，多为1920×1080。
- 码率：选择"推荐"选项。
- 编码：选择"H.264"选项即可，"H.264"非常适合实时流媒体，它可以在较低的带宽条件下提供高质量的视频传输，如图5-35所示。

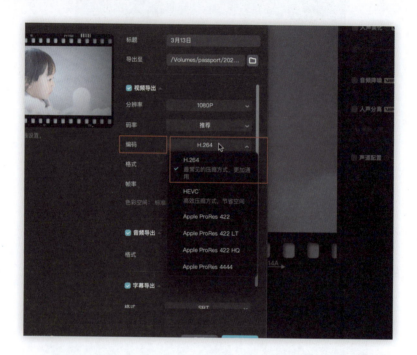

图 5-35

- 格式：通常选择MP4格式，MP4是一种通用的视频格式，适用于多种设备和平台，广泛应用于互联网传输，如图5-36所示。

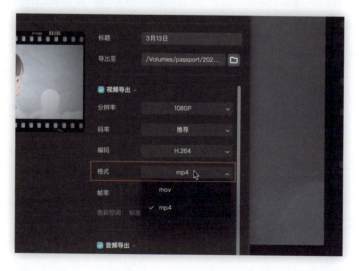

图 5-36

- 帧率：选择25fps即可，如图5-37所示。

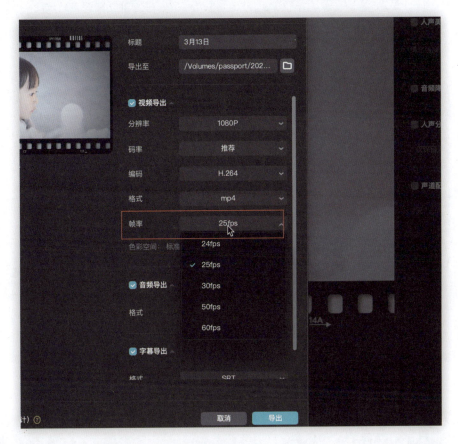

图 5-37

5.3 达芬奇的基础设置和剪辑实操

如果说剪映是剪辑软件的入门，那么达芬奇就是剪辑软件的进阶。接下来带领读者了解达芬奇软件的常用功能和工具，从而对喜欢的电影色调进行仿色。

5.3.1 达芬奇的基础项目设置

基于剪辑习惯和剪辑经验，推荐读者将达芬奇的基础设置做以下几方面的更改。

1. 语言设置

打开达芬奇软件之后，在左上角"偏好设置"中，可以对界面的语言进行设置，如图5-38所示。

2. 项目保存与加载

在"UI 设置"下选择"项目保存和加载"选项，设置保存时间，防止计算机出现卡顿导致"强制退出"软件时，时间线上剪辑的素材无法及时备份保存，如图5-39所示。

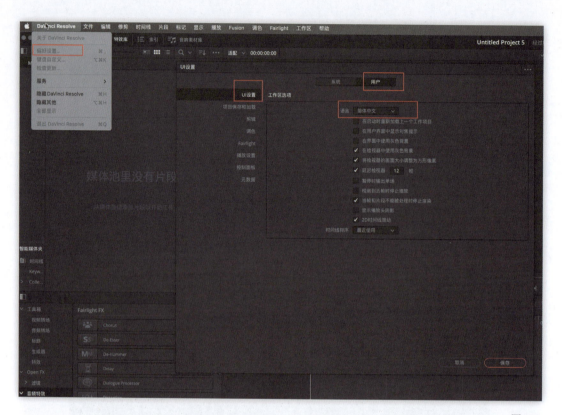

图 5-38

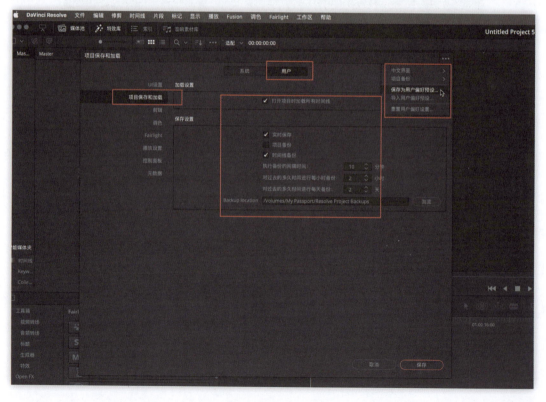

图 5-39

3. 主设置

主设置中，"时间线分辨率""代理模式""帧内插值"和"保存默认预设"如图 5-40 所示进行设置即可。一系列设置之后，可以单击右上角的三个点，保存为默认预设，下次新建其他项目时，会使用之前的预设。

图 5-40

4. 色彩管理

将"色彩科学"更改为"DaVinci YRGB"，其中"输出色彩空间"选择"与时间线相同"，Windows 系统的"时间线色彩空间"选择"Rec.709 Gamma 2.2"，如图 5-41 所示。

图 5-41

macOS 端的"时间线色彩空间"设置为"Rec.709A"，更改之后，同样需要选择"将当前设置设定为默认预设"选项，如图 5-42 所示。

图 5-42

5.3.2 达芬奇的基础面板认识

剪辑亲子短视频，只需要用到"剪辑""调色""交付"三个面板即可，如图 5-43 所示。

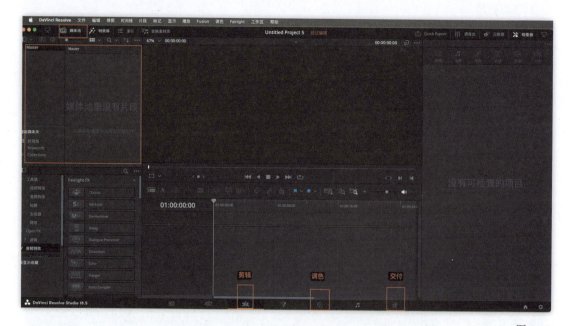

图 5-43

1. 剪辑

在"剪辑"面板中包含剪切、添加音效、文字、音乐等功能。将素材直接拖动在"媒体池"→ Master 中，可能会遇到更改帧率的提示，单击"不更改"按钮即可，如图 5-44 所示。

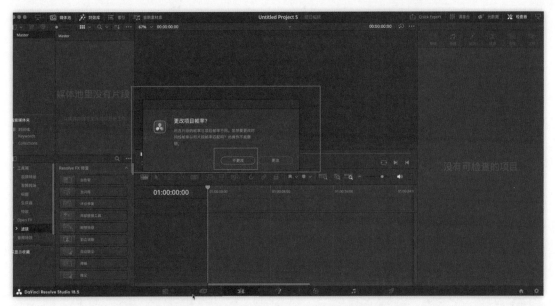

图 5-44

如果提前将文件整理成不同的子文件夹拖进去，还是会按照不同的文件夹显示在"媒体池"中，如图 5-45 所示。

图 5-45

在"剪辑"面板中，新手只需要了解熟悉掌握"剪切""检查器""画面缩略还是延展"即可，如图 5-46 所示。

图 5-46

"剪切"的快捷键是 B,对画面截取某一部分片段的快捷键是 I 和 O,不需要剪切、防止误剪时,可以切换回快捷键 A。

剪切某个片段时,可以把画面延展开,需要纵观整条时间线上的视频时,可以把时间线缩率,方便剪辑。

拖动视频在时间线上,画面右侧会有"检查器"页面,调节视频的大小位置、裁切画面以及音频的轨道修改,都可以在这个面板操作,如图 5-47 所示。

图 5-47

2. 调色

"调色"面板如图 5-48 所示。

图 5-48

（1）节点。

节点分为"串行节点""并行节点""图层节点"。达芬奇默认画面中有一个"串行节点"，在其后面"添加串行节点"或者按 Opt/Alt+S 组合键来创建一个新的串行节点。在每个节点上利用调节工具，对画面的对比度、曝光以及色彩倾向做处理，并且可以给每个节点做标签，这样方便后期改动，如图 5-49 所示。

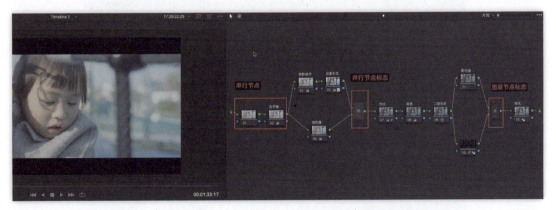

图 5-49

（2）示波器。

"调色"面板中的"示波器"可以帮助用户对画面色彩进行把控，如图 5-50 所示。

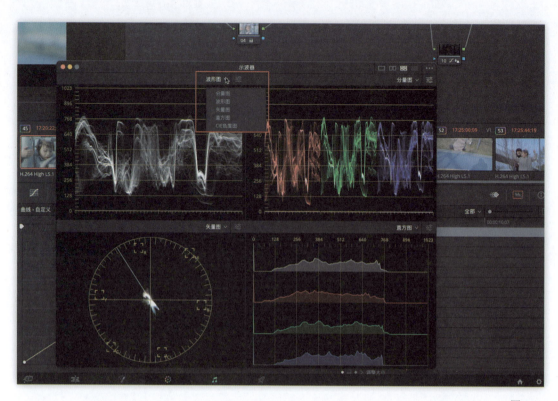

图 5-50

分量图能将画面中的色彩信息通过三个分量显示出来，通常运用在一级调色中曝光度调整和白平衡的还原，如图 5-51 所示。

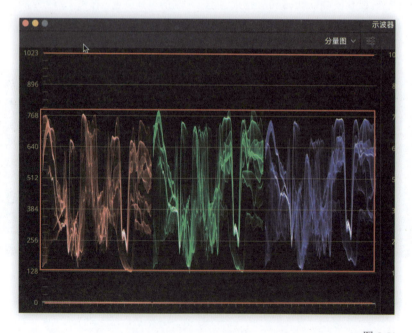

图 5-51

波形图的画面信息从左至右进行排列，可以用它进行曝光的调整。它的主要特点是可以观察画面中某一个特定物体的颜色信息，从而对物体信息进行更精准的调整，如图 5-52 所示。

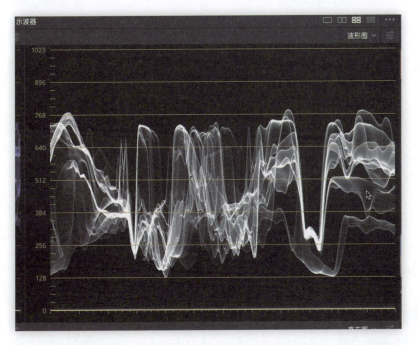

图 5-52

矢量图能测量整个画面的色调饱和度,能够直观地看出画面中某个元素的色偏倾向和饱和度,以此来判断画面色彩。

矢量图使用频率较多的功能是肤色指示线,可以精准控制人物的肤色是否偏色。先用限定器进行人物肤色的选择并调整到精确范围,然后打开高亮显示,对肤色进行精准调整,如图 5-53 所示。

图 5-53

肤色的分布状况在肤色指示线的附近,说明肤色正常,没有偏色。由于每个人的肤色是有差异的,所以在肤色指示线的大致范围内即可。

3. 交付

交付的格式以及其他设置如图 5-54 所示。

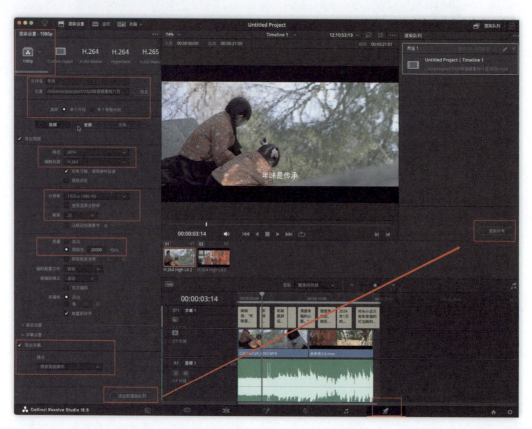

图 5-54

- 亲子短视频的导出设置为 1080P。
- 格式和分辨率选择 MP4 格式和 25 帧。
- 编码格式上可以选择 H.265 或 H.264。
- 若导出素材为 1080P，输出质量最好限制在 20000 Kb/s；若导出素材为 4K，则更改为 40000 Kb/s。
- 字幕格式设置为"烧录到视频中"，再单击"添加到渲染队列"中的"渲染所有"按钮即保存在计算机中。

5.3.3 达芬奇调色原理

为保留更多的细节，拍摄时往往使用 Log 模式拍摄。Log 模式编码格式相当于"数码底片"，在画面显示上灰灰的，刻意降低了对比度和饱和度，提供了丰富的图像数据，为后期调色保留了很大的宽容度。

对 Log 素材进行调色时，首要任务是将其色彩正常化，可以通过反差调整工具手动建立调整节点，也可以通过使用 LUT 来正常化 Log 素材。

1. LUT 色彩还原

正常化只是一个调色起点，简单来说，套完 LUT 之后，建立其他的节点，进而调整画面的对比度和色彩饱和度。

图 5-55 所示为 Log 模式的源素材和用完 LUT 之后的对比。

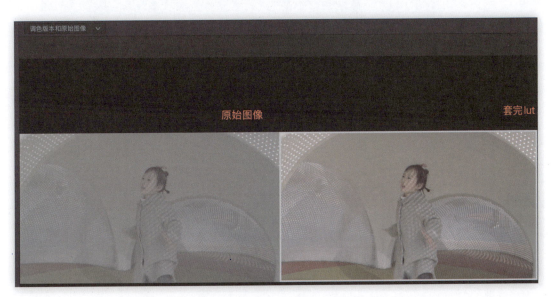

图 5-55

之后再对画面细节以及画面的色彩校正和整体色彩倾向做调节处理。调整画面细节时，阴影层次的展开和色平衡可以放在 LUT 节点的前面，通过手动添加或者按 Shift+S 组合键添加节点。而对于画面的光比调整，还有色彩校正和风格化的偏色处理，以及锐化输出均在 LUT 节点的后面，如图 5-56 所示。

图 5-56

2. 手动色彩还原

另一种将 Log 模式素材正常化的方法是利用 S 形的曲线来手动还原画面的对比度，增加高光亮度和暗部密度，如图 5-57 所示。

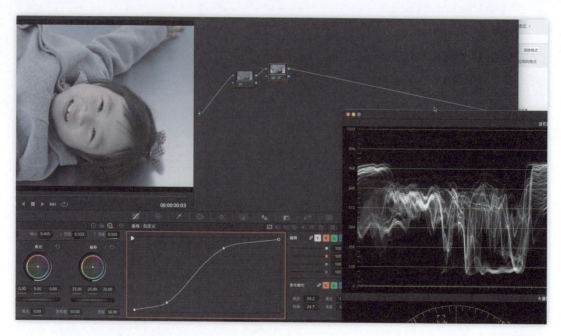

图 5-57

在此基础上,通过控制色温调节画面的冷暖,增加饱和度和偏色处理,增加不同的节点调整处理,便可以得到一个符合肉眼观察到的正常的色彩画面,如图 5-58 所示。

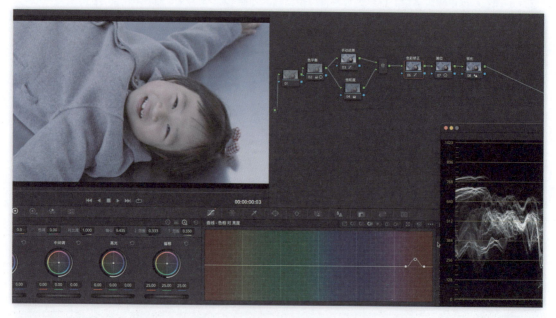

图 5-58

3. 色彩平衡

在达芬奇调色界面所看到的颜色色轮,是用来处理画面整体色彩的一级校色,也就是色彩平衡控件。色彩平衡控件是调色的重要手段,工作原理就是互补色互相抵消,色轮中相对的方向都称为"互补色",如图 5-59 所示。

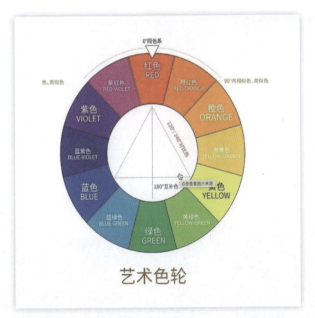

图 5-59

利用互补色抵消原理来消除画面中的偏色问题。例如在调色节点中，有对人物头发的黑色部分进行是否偏色的判断，需要辅助示波器中的分量图分布信息来由此判断色彩是否发生色偏，利用色轮中的阴影色轮工具对黑位的色彩进行纠正，如图5-60所示。

图 5-60

4. 调色工具的不同属性

在不同情况下，每一个工具的工作属性都有可能发生变化，如正常情况下，给画面增加饱和度在一级校色轮中，可以直接增加"饱和度"的数值，如图5-61所示。

图 5-61

还可以通过滑动"中灰"和"亮部"色轮来增加画面的饱和度。在饱和度节点选择"色彩空间"为 HSV，同时"通道"中只勾选"通道 2"，通过滚动色轮来增加画面的饱和度，如图 5-62 所示。

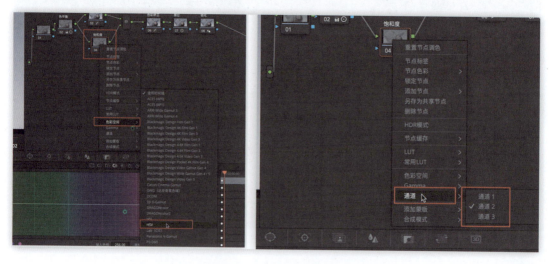

图 5-62

5.3.4 电影感画幅比例设置

一般情况下，拍摄的源素材的画幅尺寸为 16：9，如图 5-63 所示。

图 5-63

个别机型可以拍摄出 2.35：1 的画幅比例，如 Sony 的 Vlog 相机 ZV-E1 的电影感 Vlog 设置，具备上下黑边的宽屏幕。从视觉观感来说，会增强电影感氛围，如图 5-64 所示。

图 5-64

在达芬奇软件中，通过后期在"时间线"上更改"输出加遮幅"即可。遮罩比例可以有不同的选择，如图 5-65 所示。

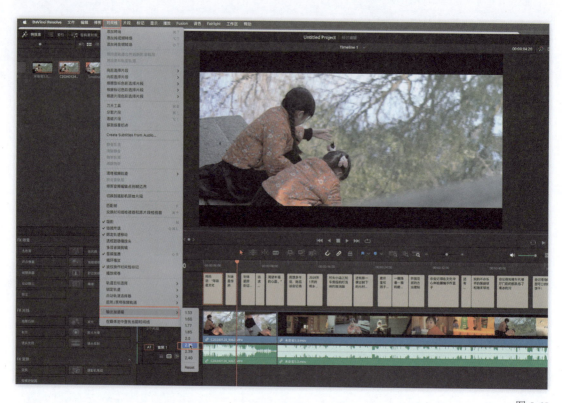

图 5-65

5.3.5 文案字幕的添加方式

达芬奇中的文字有智能添加方式,在左上角"时间线"的"Create Subtitles from Audio..."中,可以自动对时间线上的音频识别文字,如图 5-66 所示。

图 5-66

不过这种添加方式会生成很多的错别字,如图 5-67 所示。

图 5-67

利用剪映的"智能匹配文字"工具,可以生成一份 SRT 文件,如图 5-68 所示。

可以利用剪映软件生成与需要剪辑的项目时长一致的 SRT 文件,把生成的 SRT 文件导入达芬奇"媒体池"中,然后拖动到"字幕"轨道上,即可以生成与时间线一致的字幕轨道,如图 5-69 所示。

图 5-68

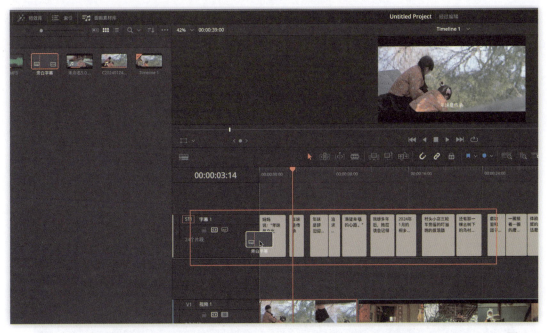

图 5-69

剪辑页面的右侧，在字幕轨道上可以进行字体、位置、大小以及其他设置的更改，如图5-70所示。

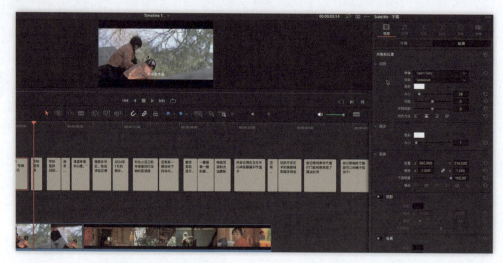

图 5-70

5.4 剪辑软件达芬奇局部调色和仿色思路

拍摄亲子类短视频，除了整体的调色色调之外，还可以对人物主体进行局部修整和美颜。

5.4.1 如何对人物主体单独调色

在一个视频片段的画面上怎样给人物主体单独调色呢？

第一步，框选范围，降噪处理。利用"限定器"对人物进行肤色范围的框选，需要打开"高亮"工具，可以看到被框选的还有其他区域，再对肤色的饱和度、宽度等范围框选调整，然后进行降噪处理，如图5-71所示。

图 5-71

第二步，美颜磨皮。若是想让皮肤的质感看起来更加干净、润白，可以加上"美颜"特效，在右上角的"特效库"找到"美颜"，拖动到被选定肤色范围的节点上，然后对特效进行调整。一般情况下，"磨皮"方式选择"过滤器"，对于小朋友来说，数值不需要拉动太多。或者光线很好的情况下，皮肤本来就很干净通透，就可以省略这一步，如图 5-72 所示。

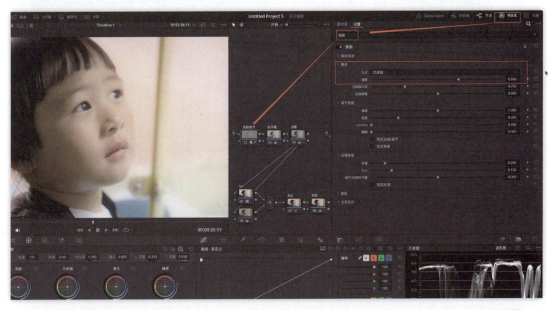

图 5-72

做美颜磨皮或者色平衡等操作时，可以给每个细节处理做一个节点，这样出错之后，可以随时删除或重置节点，不会影响到其他节点上的参数调整，如图 5-73 所示。

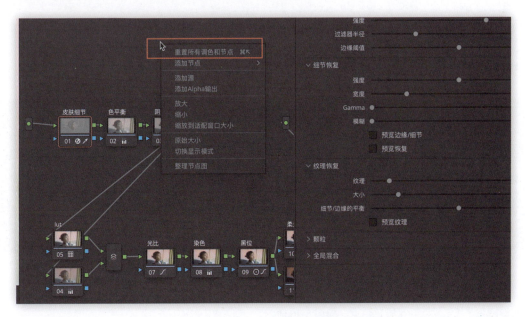

图 5-73

若人物的肤色有稍微的偏色，也可以通过限定器选取到肤色的范围，然后利用曲线工具，对于肤色进行饱和度或者亮度的调整，于亚洲人的黄皮肤而言，控制黄色的亮度，便可以提亮肤色，如图 5-74 所示。

图 5-74

5.4.2 法式电影感调色思路

在一部影片中，常常会有一种色彩基调，用一种颜色或者几种邻近的颜色作为主导，使得整部电影呈现出某种和谐统一的色彩倾向，从而让电影有一种或明快或压抑或庄重的总体气氛，这实际上也是定义色彩的一种方式。也有一种色调的表达是以色彩对比的方式产生色彩的视觉效应，如冷暖对比色调。

暖色调为红、橙、黄、黄绿；冷色调为淡绿、青、蓝、蓝紫。

在达芬奇调色节点上，做好基础的 LUT 还原，以及其他基础的亮度调节之后，想要视频画面呈现出冷暖对比，电影感的青橙色调，只需要在色调处理上分级对于冷色区域和暖色区域分区处理，也就是常见的修图软件上的色调分离，如图 5-75 所示。

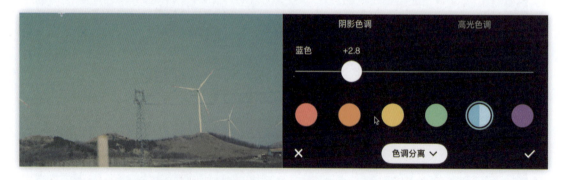

图 5-75

在达芬奇的调色软件上，通过建立色调的分区并行节点，利用一级校色轮滑动滚轮，亮部黄橙色调，在阴影冷色区域滑动滚轮呈青色色调，如图 5-76 所示。

画面中的色彩原素，如果有大面积的颜色或者干扰到主体色彩的其他色彩，可以再建立一个节点，压低其他颜色的饱和度，使画面看起来更加干净。可以借助限定器工具，压低所选中颜色的饱和度，如图 5-77 所示。

图 5-76

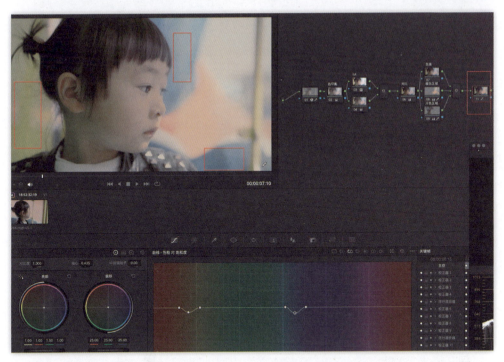

图 5-77

5.4.3 日式小清新调色思路

小清新的色调风格比较明亮,整体颜色饱和度比较素雅,在色调方面,有些影片喜欢呈偏蓝,有些则偏青绿。小清新的画面风格,具有高曝光、低饱和度、低对比度且色调偏青色或者绿色的特点。视频调色方向可以往此类色彩特点靠拢。

夏季户外骑行的场景，也比较适合调成小清新风格。

1. 亮度对比度还原

对素材的整体亮度和对比度调节，可以套 LUT，也可以手动拉动曲线调整，如图 5-78 所示。

图 5-78

建立前面几个节点，是为了控制画面的亮度分布信息，参考右侧的波形图，高亮部分为 768~896，阴影处亮度值可为 0。

2. 增加一点饱和度

对画面整体的色平衡做青绿色的处理，色温偏冷，色调偏绿处理。具体数值可根据自己眼睛观察到的信息为准，如图 5-79 所示。

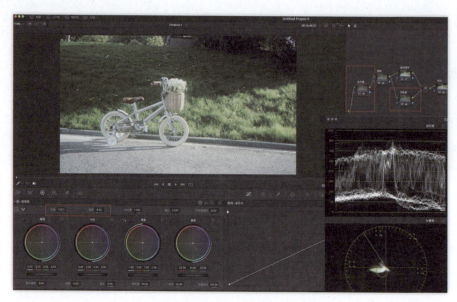

图 5-79

3. 消除干扰色彩

画面的色彩饱和度提升之后,必然也会提升干扰色彩对画面的影响,在对画面的色调做偏青绿色的处理之后,再建立一个消除干扰色的节点,目的为降低干扰元素色的饱和度,如图 5-80 所示。

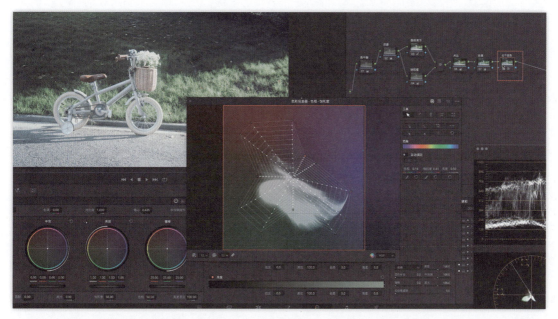

图 5-80

调出来的画面色彩和最初的素材画面,便有了明显的差异,如图 5-81 所示。

图 5-81

无论法式电影感还是小清新,调色的思路都一样。

第一步,先对素材进行正常色彩的还原,包括对比度、曝光亮度,还有饱和度的还原。

第二步,对整体色彩进行偏色的处理。

第三步,对干扰色彩进行饱和度的降低,以免干扰视觉效果。

第四步,局部细节处理。

第五步,输出锐化处理,可以达到勾勒出画面主体边缘,强化主体的效果。

第 6 章　亲子户外日常拍摄方法

本章从实际案例出发，介绍在拍摄前的拍摄思路，怎样拟定拍摄公式以及代入生活小事的拍摄方法。

6.1 户外活动日常主题拍摄思路

本节根据三种不同的出发点,介绍如何理清思路,策划出传播率比较高的视频作品。

6.1.1 以场景事件为出发点的公园主题户外拍摄思路

拍摄亲子短视频时,掌握拍摄思路,才可以从容应对所有情况。

如拍摄亲子在公园里户外活动时,可以联想到在公园里放风筝、野餐、玩轮滑、在公园的长椅上休息等。而针对每个场景发生的事件,可以有着重点地突出,即视频的主体事件是什么?并针对所要表达的侧重点不同,拍摄思路也可以略有调整。如在公园的长椅上休息,若强调亲子走到坐椅前的动作,依据拍摄重点策划如表 6-1 所示。

表 6-1

序号	景别	画面内容	备注
1	特写	透过树上的叶子前景,拍摄公园长椅的一部分	空镜头下拉镜头衔接人物
2	中景	亲子走过来的画面	
3	特写	脚步走向前方椅子的画面	辅助脚步声效
4	中景	亲子一起坐下来的画面,只剪切还未坐下来的前半段素材	可以动作分解
5	全景	亲子坐下来的动作重复一遍,剪切坐下来的后半段素材	
6	大远景	拍摄亲子坐在坐椅上休息的背影	一个场景的结束

但某一个场景不作为重点拍摄场景时,那么户外长椅的片段用 2、3 个镜头组接即可,如表 6-2 所示。

表 6-2

序号	景别	画面内容	备注
1	特写	小朋友的小脚在长椅下面欢乐地摇摆	
2	中景	亲子正坐在长椅上吹泡泡	
3	全景	亲子吹泡泡的全景画面	
4	特写	泡泡消散在长椅旁边的草地上	侧逆光光线,拍出泡泡质感

确定某一个公园场景的拍摄及剪辑思路,大致如图 6-1 所示。

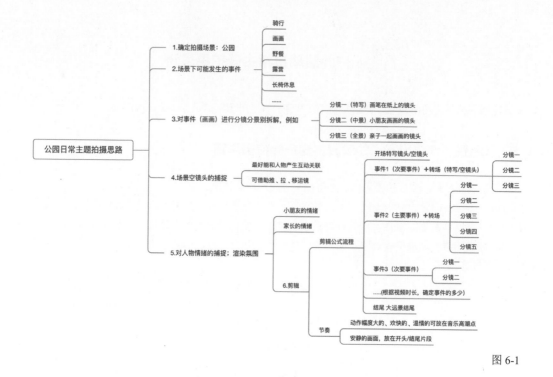

图 6-1

6.1.2 以场景元素为出发点的亲子徒步拍摄思路

若拍摄亲子徒步登山的主题,又是怎样的拍摄思路呢?

(1)借用辅助道具。自然氧吧里有很多种类的动物和植物,可以借助捕捉昆虫的网兜、望远镜、放大镜等道具,带着孩子一起去观察,丰富画面。

(2)利用场景元素的优势,制造小事件,例如利用树叶、果实,做手工;借助识别植物的软件,认识树林中的植物种类等。如果有小溪,还可以增加亲子戏水的画面。

(3)融入食物画面。在徒步登山的过程中,携带的便当、热气腾腾的自热饭或者冰在溪水里的西瓜、饮料等食物,都可以作为一个小事件单元。

(4)场景元素和服装的搭配。人物服装的色彩搭配,应和场景元素的色彩所匹配。

徒步登山的主题拍摄思路如图 6-2 所示。

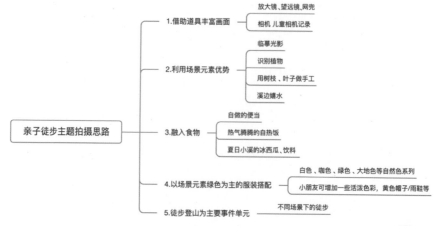

图 6-2

有了思路之后，便可以对脚本内容展开想象，脚本策划如表 6-3 所示。

表 6-3

序号	事件单元	景别	画面内容	备注
1		全景	对树木的仰拍视角	可摇移镜头增加动感
2	徒步	空镜头	人物路过小森林，旁边被身体蹭到的一片树叶	空镜头和人物产生关联，配合鸟鸣声
3		特写	脚步踩到树叶发出声响	脚步声
4		中景	亲子同框背着书包向前走的背影	
5		近景	人物向前行走的正面拍摄	人物走向相机，直至黑屏
6		全景	以树木遮挡为前景，慢慢移动相机直至人物出现	一个转场的衔接
7	观察植物	中景	小朋友拿着放大镜正在观察植物	
8		特写	主观视角看到的观察画面	
9		中景	亲子同框正在分享所观察到的画面	人物对话原声
10	转场	空镜头	环境的景色、植物、花朵等	
11	徒步	全景	人物继续向前行走，虚化人物，对焦在景色上	
12		中景	侧面拍摄人物路过的画面，小朋友拿着网兜路过	为捕捉昆虫埋伏笔
13	转场	空镜头	场景转换	
14		特写	网兜套在相机上模拟捕捉的昆虫视角	
15	捕捉昆虫	近景	画面给到小朋友捕捉昆虫时的情绪	笑声，原声
16		中景	亲子一起捕捉昆虫放进昆虫盒子的画面	
17		空镜头	昆虫盒子的特写	
18	转场	特写	食物的特写（可选接近昆虫颜色的便当，如寿司）	特写接特写转场
19		近景	亲子食物补给的画面	
20	结尾	全景	亲子分享食物的画面	
21		远景	囊括大场景的画面镜头	大场景结尾

6.1.3 以拍摄风格为出发点的户外踏春拍摄思路

以拍摄风格为出发点，需要对拍摄的风格特点逐步剖析，包括着装搭配、场景颜色、道具搭配以及后期调色风格等。不同风格特点的拍摄思路如图 6-3 所示。

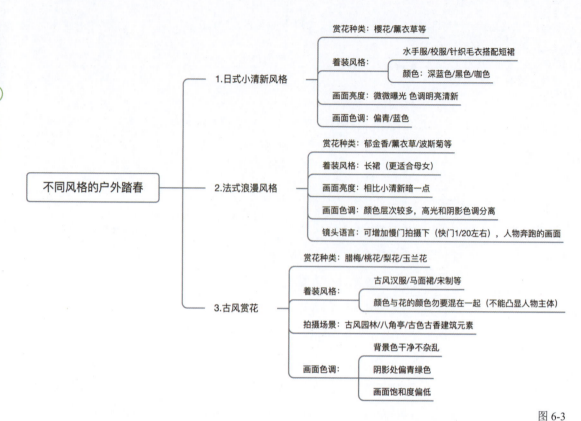

图 6-3

在服装搭配上,为了达到画面和谐统一的效果,亲子服装要具备色彩和款式的统一性。如法式浪漫风格的搭配中,妈妈是白色长裙搭配米色礼帽,女儿可以是米色长裙搭配白色礼帽。法式浪漫风格的亲子视频策划拍摄脚本如表 6-4 所示。

表 6-4

序号	事件单元	景别	画面内容	备注
1		空镜头	交代环境	鸟鸣
2		特写	大手握住小手将笔刷在画板上摩擦画面	辅助声效
3		全景	将相机慢慢推向亲子画画的背影	
4	写生	近景	以画板为前景上移镜头拍摄人物正面,逐渐现出人物真容	撕开神奇画面
5		中景	亲子相视一笑的画面	
6		特写	主观视角看到画板上的画面	这里可以设计一个相似画面转场
7	转场	空镜头	画板上所对应的现实画面	
8		特写	脚步走向郁金香花海的画面	
9	奔走	中景	慢慢加快速度,由走到奔跑的画面	慢门拍摄
10		远景	亲子奔跑的画面	

续表

序号	事件单元	景别	画面内容	备注
11		特写	蝴蝶或者蜜蜂采蜜的特写画面	
12		中景	亲子相拥在花海中转圈圈的画面	
13	转圈圈	近景	可以妈妈举着稳定器转一圈拍摄模拟转圈时,小朋友所看到的主观视角	
14		远景	亲子相拥在花海的画面	无人机拍摄画面
15	转场	空镜头		
16		特写	妈妈翻书的画面	可以拍摄两次翻书画面,后期剪切特写翻书的前半段,近景为翻书的后半段
17	看书	近景		
18		特写	小朋友和妈妈一起摇晃着小脚	
19		全景-大远景	无人机逐渐拉高视角,渐行渐远的模式结尾	升华氛围

不论拍摄哪种风格,提前理清思路,拍摄前可以问自己几个问题。

- 想要拍摄成什么风格?
- 拍摄场景更适合什么样的风格?
- 所拍摄的风格具备哪些显著的特点?
- 在特定场景下,可以做哪些符合特定风格的事件?

6.2 亲子户外游戏的肢体语言和拍摄公式

接下来介绍在户外拍摄时,怎样设计拍摄游戏和亲子互动的肢体语言,怎样让肢体动作在画面上构图更加好看,从而有不错的视觉效果。

6.2.1 户外骑行的拍摄公式

亲子短视频作为自媒体平台投放的视频,由于各方面的受限以及考虑到观众注意力等问题,每个景别时长一般控制在2~6秒,整体视频时长,根据故事内容控制在15~90秒即可。

1. 小事件单元的拍摄

拍摄亲子户外骑行的短视频时,假如小朋友还不会骑自行车,外出骑行的视频拍摄思路如下。

- 开头:家长推自行车准备骑行。
- 发展:骑行过程中摇铃的画面。
- 高潮:骑行过程中亲子的欢快笑声。
- 结尾:骑行消失在林间小道。

策划脚本如表6-5所示。

表 6-5

序号	事件单元	景别	画面内容	时长/秒
1	推自行车	特写	低机位拍摄用脚抬起自行车脚架	1
2		全景	蹬上自行车准备骑行	2
3	骑行过程	空镜头	骑行路面的空镜头，然后骑行路过全景	2
4		特写	用手拨动铃铛	2
5	欢快骑行	中景	小朋友张开手臂，学着铃铛"叮叮叮"的声音（原声保留）	3
6		近景	家长被小朋友逗笑的微表情捕捉	2
7		全景	欢快的氛围表达	2
8	结尾	全景-远景	亲子骑行渐行渐远消失在林间	3
			总时长	17

一个17秒的视频片段，分成了8个景别去拍摄，依然可以作为一个小故事视频，记录亲子骑行过程中的温馨画面。

2. 成长故事拍摄

3~6岁的孩子大部分可能都在学车阶段，可以以家长教小朋友骑自行车为主事件单元去展开拍摄思路。

- 开头：小朋友还不会骑行自行车。
- 发展：家长耐心教小朋友学习骑自行车。
- 矛盾点：小朋友因为受挫，不开心的画面，家长耐心劝说后，小朋友多次尝试。
- 高潮：家长放开双手，小朋友独自骑行的画面；小朋友发现家长放开手，摇晃着自行车，但同时也欣喜终于学会了骑行的画面。
- 结尾：家长看着小朋友，骑得很棒，露出欣慰的笑容。

记录小朋友的成长时，可以分阶段记录，最后把素材整合在一起，组接成一部成长视频。具体的拍摄策划脚本如表6-6所示。

表 6-6

序号	事件单元	景别	画面内容	时长/秒	备注
1	教学阶段	空镜头	由路边的小树叶慢慢移动镜头到人物学车全景，人物可以不用对焦	3	空镜时人物声音淡入
2		特写	家长扶着小朋友的车子后座	2	家长说着些"不紧张"之类的言语
3		中景	由特写画面上移运镜到家长	3	
4		近景	小朋友学车时紧张的神情	2	
5		中景	家长依然很耐心地教学	2	
6	转场	空镜头	动态变化的云朵，或者两个空镜头叠化转场，表达时间流逝的感觉	3	字幕显示，学骑行的第几天之类
7	矛盾阶段	中景	小朋友觉得一直学不会，有些气馁，正要下来	2	
8		全景	自行车停下来不再向前	2	
9		中景	家长耐心安慰	3	
10		近景	小朋友继续向前行驶	2	
11		全景	家长推着继续向前行驶	3	

续表

序号	事件单元	景别	画面内容	时长/秒	备注
12	放手阶段	特写	家长慢慢松开车子后座的画面	2	
13		中景-全景	拍摄机位后拉镜头运镜,小朋友慢慢向前骑行	3	
14		特写	家长略担心的微表情	2	
15		近景	小朋友骑行时颤颤巍巍的样子	3	
16		特写	小朋友发现家长松手,既欣喜又害怕	2	
17	解锁骑行技能	全景	正面拍摄小朋友停下车子回头看向家长	2	视线引导
18		中景	以小朋友回头转向为前景,拍摄家长的中景	2	
19		近景	家长告知,小朋友已经会骑行啦,然后提出再试一次	3	
20		中景	侧面拍摄小朋友开始继续尝试	2	
21		全景-大全景	家长继续放手,小朋友独自骑行	3	
22		中景	小朋友也开心解锁新技能的画面	2	
23	结尾	近景	正面拍摄家长露出欣慰的笑容	2	
24		全景-远景	后方拍摄后拉镜头运镜家长看着小朋友越骑越远的画面	3	
			总时长	58	

6.2.2 放风筝的拍摄公式

户外放风筝是必备的家庭游戏,那要怎样拍摄呢?拍摄脚本如表 6-7 所示。

表 6-7

序号	事件单元	景别	画面内容	时长/秒	备注
1	作为某一个事件单元	空镜头	风筝飞起来的空镜头,顺光拍摄,以蓝天为背景	2	强调的是放风筝的温馨氛围
2		特写	手里放着风筝线	2	
3		近景	小朋友或者家长手拿风筝线	2	
4		全景	亲子一起看向风筝,家长拿着手机记录下这一刻	3	
5		特写	家长手机拍到的特写画面	2	
6		中景	侧面拍摄,亲子放风筝的画面	3	
7		全景	亲子放风筝的全景画面	2	
			总时长	15	

如果想要展示更多的风筝画面,还可以加入放飞风筝前,打开风筝、取线,然后慢慢放飞的画面,如表 6-8 所示。

表 6-8

序号	事件单元	景别	画面内容	时长/秒	备注
1	拆开风筝取出线	空镜头	户外空镜头	2	
2		特写	打开风筝的包装袋	2	
3		中景	取出风筝正要拿出线	1	
4		特写	风筝线放在草地上的画面	2	
	转场	空镜头	环境的空镜头	1	
5	放飞风筝	中景	小朋友举着风筝奔跑的画面	2	强调放飞风筝的过程,一次又一次地奔跑
6		特写	被举起来的风筝	1	
7		特写	手中放着的线	1	
8		中景	随着小朋友越跑越远,风筝渐渐飞起,家长不断松开风筝线	2	
9		全景	风筝被放飞的画面	3	
10	转场	空镜头	风筝越飞越高的画面空镜头	3	
			总时长	20	

6.2.3 露营的拍摄公式

露营主题是近两年比较火的一种户外方式,可分两种模式去策划拍摄内容,一种是户外露营过夜的,另外一种则为白天户外野餐的方式,拍摄脚本如表 6-9 所示。

表 6-9

序号	事件单元	景别	画面内容	时长/秒	备注
1	准备晚餐	特写	帐篷上的灯串由虚到实的拍摄,交代户外露营的状态	2	虫鸣鸟啼
2		特写	露营吊灯下,逆光拍摄,锅中翻炒着冒着热气的食物	2	翻炒声音或者"咕嘟咕嘟"的煮沸声音
3		中景	人物正坐在卡式炉的桌子旁准备晚餐,看向小朋友	2	小朋友嬉闹的声音渐入
4	小朋友嬉闹玩耍	全景	小朋友正在嬉闹玩耍	2	
5		中景	近距离拍摄小朋友的画面	3	
6		全景	小朋友奔向餐桌	2	大人们的声音"开饭啦!"
7	吃饭	中景	家长端着煮好的食物,叫小朋友吃饭	2	
8		特写	食物端在餐桌上	2	
9		中景	大家围坐在一起	3	
10		特写	小朋友夹起食物的画面	2	
11		中景	小朋友吃到食物的画面	2	
12		全景	大家一起碰杯的画面	2	碰杯的声音
13		特写	碰杯的特写,慢慢收回杯子	3	干杯欢呼的声音

续表

序号	事件单元	景别	画面内容	时长/秒	备注
14	转场	空镜头	环境的画面，星空的画面，也可以拍摄星空延时，流动的星轨	3	虫鸣鸟啼声音
15	观星星	特写	小朋友借助软件对应匹配星星的名字	2	
16		中景	一起抬头观星的画面	3	讨论星星的声音
17			以人物为前景，拍摄星空的画面，星空可以通过特效点亮处理	2	
18	深夜入睡	空镜头	两个镜头叠化表述时间流逝	3	虫鸣鸟啼
19		特写	从外面拍摄剪影，帐篷里的露营灯关闭画面	2	
20		远景	几个露营灯陆续关闭的画面	3	
			总时长	47	

拍摄白天露营野餐时，可以从全家一起出动搭建帐篷开始，中间穿插飞盘游戏等画面，以大家一起欢快地沉浸式用餐结尾，拍摄脚本如表6-10所示。

表6-10

序号	事件单元	景别	画面内容	时长/秒	备注
1		空镜头	环境画面，树叶、花朵等	2	鸟鸣声
2		特写	撑开帐篷的开关	2	
3		全景	亲子一起同框，帐篷被撑开的画面	3	
4		中景	小朋友拿钉子给家长	2	原声
5	搭建帐篷/天幕	特写	大手接小手接过钉子	1	
6		中景	砸钉子的画面	2	声效
7		特写	钉子钉进泥土中的画面	2	
8		中景	手举着杆子，撑起天幕的画面	2	
9		全景	天幕被撑起的画面	3	
10		特写	拍拍手上的尘土	1	原声
11		特写	脱掉鞋子	1	
12	看风景	全景	进入帐篷的画面	2	
13		中景	亲子一起看向帐篷外的景色	3	
14		空镜头	景色的空镜画面	2	
15	飞盘游戏	特写	小朋友飞盘扔出去的画面	2	欢快笑声
16		中景	飞盘扔向相机，模拟主观视角	2	
17		全景	家长接到飞盘，并向外扔出的画面	2	欢乐氛围
18		中景	小朋友奔跑去接飞盘的画面	3	
19		全景	亲子同框交替扔飞盘的画面	3	
20	转场	空镜头	天幕在风中飘动的画面，以蓝天为背景	2	

续表

序号	事件单元	景别	画面内容	时长/秒	备注
21	用餐	特写	拿起某一个食物的画面/喝汽水的画面	2	
22		近景	用餐的画面/喝汽水打饱嗝的画面	3	"咕嘟咕嘟"喝汽水的声音
23		全景	家人一起用餐的画面	2	
24		远景	人物虚化，背景写实结尾	3	
			总时长	52	

户外游戏互动和环境空镜组接剪辑

本章介绍户外主题的视频应该怎样剪辑，包括为画面匹配音乐以及加入音效等具体操作方法。

6.3.1 为画面匹配轻松欢乐的音乐

1. 音乐的选择

亲子短视频配乐分为两种。

为不做任何商用的视频进行配乐时，这类配乐可以不用考虑版权问题，音乐的渠道来源也有很多。

（1）剪映软件自带的音乐库，如图6-4所示。

图6-4

（2）日常歌单导入。将听歌软件中的音乐录屏保存下来，导入视频剪辑软件中，用分离音频的方式提取视频中的音乐，然后将视频轨道的录屏素材删除即可，如图 6-5 所示。

图 6-5

为商用视频进行配乐时，需要从专业的音乐网站下载版权音乐或者免费可商用（CC 协议）的音乐，作为视频的背景音乐，其中 CC 协议指的是知识共享协议。爱给网网页端的 CC 协议如图 6-6 所示。

图 6-6

在巨大的音乐库中，可以根据类别、情绪、风格等选取合适的音乐，甚至可以根据喜好选择音乐的 BPM（每分钟节拍数，Beats per minute）区间。大部分音乐的 BPM 为 70~140，以 MUSICBED 网站为例，选取的音乐会标注 BPM 值，并且可以搜索到类似 BPM 区间的音乐，如果品牌方觉得不合适，可以找到类似区间的音乐去替代，这样还可以保留原有的视频节奏，如图 6-7 所示。

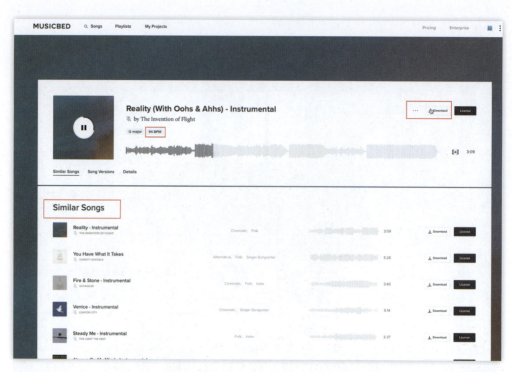

图 6-7

2. 音乐的剪辑

亲子类户外主题短视频的拍摄,建议选用欢快舒适的音乐类型。在剪辑音乐时,可以采用音阶的高点接高点、弱点接弱点、重音接重音的方式,在必要时,还可以增加两段音频的淡入淡出效果,如图 6-8 所示。

图 6-8

音频剪好之后,便可以在视频轨道添加视频素材。一般故事性的视频会有音乐节奏的起落变化,起落变化可能会因为音乐作曲时的结构不同,而起落点不同,但是大概都会有起点、高潮、波动、结尾的曲线,可以根据音乐的导向去填充画面。动作幅度大的、温情的画面可以放在音乐高潮点上,如转圈圈和拥抱;安静的画面可以放在开头或者结尾,如图 6-9 所示。

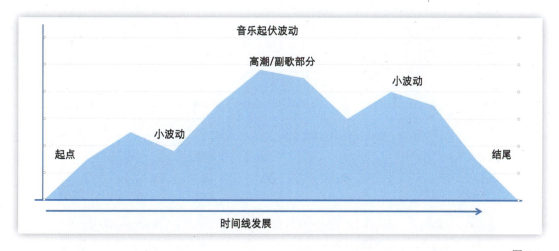

图 6-9

6.3.2 原声的保留和音效的加入

在视频中增加环境音效和发生动作对应的音效时,保留适当的原声,可以使观众更沉浸地代入视频。例如,在户外,风吹动树叶沙沙作响的画面,田间地头的蛙鸣声、鸟鸣声、蝉鸣声,如图 6-10 所示。

图 6-10

如果是骑行视频,可以加入铃铛声和骑行时自行车发出的声响,如图 6-11 所示。

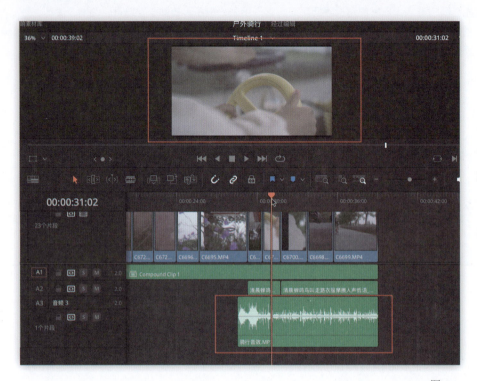

图 6-11

对于一些欢快的画面,如小朋友情绪很好,有笑声或者关键的对话之类,可以保留视频的原声,如图 6-12 所示。

图 6-12

6.3.3 户外视频调色思路

户外视频进入调色环节之后,可以根据不同的拍摄风格,调出不同的视频色调。

以达芬奇软件为例,观察视频的片段组接。先对一个场景中的一个片段调整,然后复制调色好的静帧画面,应用调色至同场景的其他片段。同场景下的色彩几乎没有太大差异,无非是更换机位时,光线的变化和产生的色温的略微差异。然后再一一比对同场景下的其他景别,稍作调整,如图6-13所示。

图6-13

抓取静帧之后,在左上角的画廊可以找到连同LUT和调整的步骤,将其应用到其他的同场景画面,如图6-14所示。

图6-14

同场景下的景别全部应用调色之后,便可以利用达芬奇软件的分屏工具,比对几个画面的色彩和曝光是否接近。单击左上角的分屏标志,在"选取"中选择"所选片段"选项,然后按住 Shift 键,选中同场景片段比对,逐一再做调整,如图 6-15 所示。

图 6-15

用同样的方式再去调整其他场景的视频片段。单独的空镜头比对之后,左右两个视频片段没有过多偏色即可,如图 6-16 所示。若有很明显的色彩差异和曝光的差异,则要对某一个片段进行单独调整。

图 6-16

第 7 章　亲子居家室内拍摄方法

本章主要从拍摄起床时嬉闹的亲子场景、读绘本为主题的场景等实际案例出发，介绍怎样从拍摄构思和脚本内容两方面进行大致剪辑组接。

7.1 以起床时的嬉闹为主题的拍摄

日常起床的亲子视频,也是亲子回忆的一部分,本节介绍应该怎样拍摄以起床时的嬉闹为主题的场景。

7.1.1 画面人物第一视角的拍摄

在亲子短视频中,第一视角拍摄方式更能够让观众有代入感和沉浸式体验感。可以用相机模拟的方式,拍摄第一视角所看到的画面。

1. 小朋友的第一视角

(1)拍摄前的构思。

回忆脑海中的电影片段,电影开场屏幕一片漆黑,只有声音"***,快醒醒,快醒醒!"

(2)拍摄实操。

画面一:画面黑屏,声音为妈妈给宝贝一个响亮的吻,给观众留下想象的空间。

画面二:黑屏慢慢散开,小朋友微睁一只眼睛,随后另一只眼睛睁开。拍摄时可以构思代入一下,宝贝睁开眼睛的主观视角,看到的除了天花板,还有身着家居服的妈妈的样子。

在拍摄时,为了达到脑海中构思的画面效果,可以把相机放在床上,模拟小朋友的视角,如图7-1所示。

图 7-1

而一只眼睛慢慢睁开的效果,可以借用后期蒙版的特效,制作一个近似椭圆的形状,以边缘羽化虚掉看不清的状态来模拟人眼所看到的状态,如图7-2所示。

在其他场景中,一样可以借助这种模拟视角,拍摄小朋友所看到的画面。考虑到小朋友的身高,大部分情况下,放低机位,采用特别的角度,就可以得到意想不到的画面效果。在前期拍摄时,需要提前思考,想要得到什么样的画面,用反向倒推的逻辑,怎样去实现画面效果,用后期制作还是前期置景?

图 7-2

2. 妈妈的第一视角

（1）拍摄前构思。

宝贝听见妈妈的声音，慢慢睁开眼睛的特写镜头，增加画面的张力，紧接着小朋友想要继续撒娇赖在床上，（中景）又不得不被妈妈吻醒。亲子相互嬉闹着，房间里弥漫着开心的笑声。

（2）拍摄实操。

画面一：特写画面，捕捉宝贝的微表情变化，小朋友揉搓惺忪睡眼等，如图 7-3 所示。

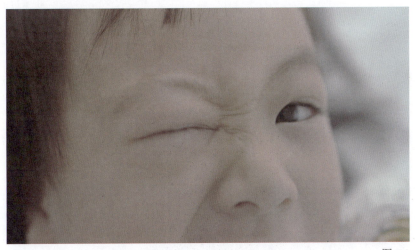

图 7-3

画面二：中景画面，以妈妈肩膀为前景虚化，画面给到宝贝还是想继续赖在床上的慵懒感。妈妈缓慢拉起来宝贝，却又拉不起来的画面。

画面三：特写画面，妈妈用挠痒痒的方式给宝贝醒神，如图 7-4 所示。

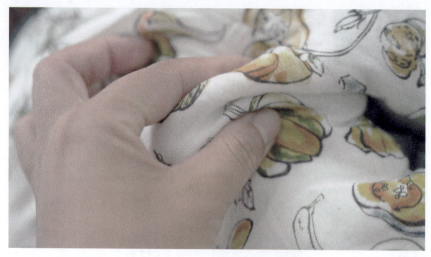

图 7-4

画面四：中景画面，两人嬉闹着，特写动作产生之后，可以组接挠痒痒的中景画面，在剪辑逻辑上比较合理。

7.1.2　门框框架式构图的第三视角

（1）拍摄前构思。

后期剪辑如果只是中景和特写画面，会让观众有一种呼吸的压迫感，需要来一些全景释放空间，同时代入观众的第三视角拍摄，作为视频片段的收尾。

（2）拍摄实操。

若是居家场景比较杂乱，有两个小技巧可以避免。

- 多用前景虚化，强调主体；任意家居小物品都可以挡在相机的前面，作为前景。
- 借用家里的框架，把杂物规避。

拍摄全景画面时，可借用身边可用的框架进行框架式构图。若没有可用的框架，也可以通过后期模拟的方式进行调整。把遮挡物放在相机镜头前，把主体框起来，画面会更加干净，同时又制造一种第三视角的窥探欲，如图 7-5 所示。

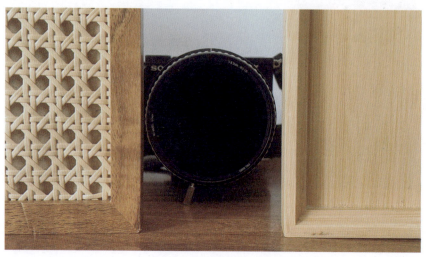

图 7-5

前景虚化和框架式遮挡构图,可以应用在很多亲子短视频的场景中,不仅增加画面的层次感,同时也避开了杂物,使画面简洁干净。

7.1.3 卧室场景相关的空镜头拍摄

1. 环境空镜头的拍摄

(1)拍摄前构思。

环境的拍摄是为了更好地丰富画面,交代故事发生的场景氛围,让观众不自觉联想,让故事更加鲜活。

(2)拍摄实操。

在亲子居家的视频拍摄中,所有和家庭氛围相关的物品,如随风飘动的窗帘、卧室床头的小台灯等,均可以作为环境拍摄的补充画面,再辅助亲子嬉闹的声效,整个画面和故事的关联感就出来了,如图7-6和图7-7所示。

图 7-6

图 7-7

2. 卧室温馨感小玩具的特写拍摄

(1)拍摄前构思。

卧室内宝贝的小玩具的特写,可以使画面细节更加丰富,让素材更加生动立体。特写画面还可以作为视频场景切换的转场镜头。

（2）拍摄实操。

拍摄小玩具时，尽可能选择当下场景中与小朋友的关联性比较紧密的，可以是入睡时的小玩偶，也可以是某一本睡前绘本，如图 7-8 所示。

图 7-8

7.1.4 起床主题的视频剪辑和后期

接下来介绍剪辑组接思路。

在起床这个事件单元中，已经把事件从景别上做拆分，用剪辑的基础语法来把所拍摄到的画面串联起来。通过镜头的变化组接和匹配的旁白和音乐，去完整讲述一个小故事。

接下来介绍剪辑步骤。

1. 录制旁白

用录音设备或者手机自带的语音备忘录录制旁白文案，一同导入剪辑软件中。如果有需要，可以先用软件进行降噪或者左右耳声道处理，再利用智能识别字幕功能，对照字幕，剪辑掉停顿、语气和重复的话，保留一条完整的旁白音轨。

2. 添加音乐轨道

根据个人喜好和习惯选择音乐，然后根据旁白和视频预想的时长来剪辑音乐，可以保留音乐的开头、升起、高潮和结尾部分。时长较短的视频也可以直接取用音乐的高潮部分。

3. 粗剪素材

导入视频素材之后，把起床的素材过一遍，粗剪掉不需要的部分。按照事先想好的脚本组接画面。把起床的事件分成醒来看见妈妈、赖床不起和妈妈挠痒痒三个单元，其中单元之间用了环境空镜头或者特写镜头来进行转场。如果想继续增加事件内容，可以按照空镜头场景切换转场的方式去进行组接，如表 7-1 所示。

表 7-1

事件单元	镜头序号	景别	画面内容	备注
醒来看见妈妈的脸	1	中景	小朋友视角看见边缘模糊的妈妈的脸	用蒙版处理边缘画面
	2	特写	妈妈视角看见宝贝揉眼睛的画面	

续表

事件单元	镜头序号	景别	画面内容	备注
转场	3	环境空镜头	地板的光线、飘动的窗帘等都可以	空镜头要有亲子互动的声效，更能体现氛围感
赖床不起	4	中景	妈妈拉起宝贝，宝贝赖床不起	原声保留
转场	5	特写	小玩偶或者其他相关玩具都可以	声音的转场过渡
妈妈挠痒痒的画面	6	特写	妈妈开始挠痒痒	
	7	中景	拍摄挠痒痒嬉闹的画面	
	8	全景	全景结尾或者环境空镜头，增加后续的事件单元	

4. 从头到尾细剪素材

完成脚本结构粗剪以后，再做细节处理。例如在挠痒痒景别切换时，动作的衔接是否流畅，或者重新筛选素材，浏览有没有更能表达小朋友情绪的画面，以及在重要音乐节奏点上画面处理是否得当，然后再进行精剪。

5. 调色处理

如果前期不是采用 Log 模式拍摄的灰片素材，并且注意前期光线的把控，在后期调色的思路上，可以用亮度曲线适当地拉一点点 S 曲线，拉亮暗部，高光部分适当地压低一点点，提升画面的对比度。

如果是手机剪辑，就可以找一个适合的滤镜，调低比值，最后输出前做一下锐化。如果是做精细风格化的处理，可以参照第 5 章达芬奇软件调色思路。

7.2 以读绘本为主题的拍摄

室内居家读绘本的主题视频拍摄思路是什么？

7.2.1 环境特写镜头开场

1. 环境特写画面配读书声音开头

（1）拍摄构思。

留意一些电影开场的拍摄可以发现，以特写镜头开始的电影拍摄技巧数不胜数。像《海蒂和爷爷》开头是草地的特写空镜头，紧接着是海蒂的手去轻触小草的特写画面，如图 7-9 所示。

图 7-9

做日常亲子类短视频时，也可以借用以特写镜头开始的拍摄技巧，激发观众的好奇心。

（2）拍摄实操。

在亲子读绘本视频中，可以拍摄和读绘本相关的环境细节特写，如书架上的小摆件或是一排整整齐齐的书。拍摄书架上的一个小摆件的特写作为视频的开始，并加上一点点移动运镜，增加视频的动态特征，辅助读绘本的声效，可以进一步激发观众的想象，如图7-10所示。

图 7-10

2. 翻阅绘本时的特写画面和声效处理

（1）拍摄构思。

上一个环境的空镜头画面已经交代了故事发生的场景，下一个画面组接用手去指读绘本的特写画面，同期收录音效来作为从环境到人物的循序渐进。以人物的肩颈为前景虚化，拍摄读绘本的动作，如图7-11所示。

图 7-11

（2）声效处理：J-cut 和 L-cut。

后期剪辑时，翻书声效和读书的原声可以作为衔接特写画面和下一个画面的转场。这在剪辑视频中是比较常见的一种转场方式，目的是引导观众切入下一个画面，让观众提前对下一场景有一定的代入感，这样当镜头画面切换到另一个场景时，观众已经有了预期感知，观看时不会觉得画面跳切或者卡顿，这种剪辑方式可以称为 J-cut，如图7-12所示。

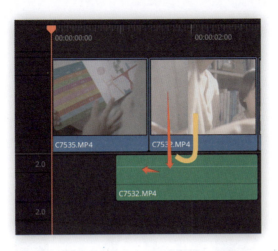

图 7-12

与之对应的是声音晚出,即 L-cut 技巧,指前一个片段的声音没有随着画面的结束而停止,而是在下一个场景继续延伸,如图 7-13 所示。

图 7-13

在亲子短视频拍摄中,可以借助收音设备,保留拍摄时的原声,在后期剪辑时留有更多的空间,设计声音转场的方式,呈现更精彩的表达方式。

7.2.2　180 度原则分别拍摄妈妈和宝宝的画面

1. 180 度轴线原理

拍摄两个人坐在一起的画面,严格一点来说,是面对面坐着时,要遵循 180 度原则。180 度轴线原理是电影拍摄中的一个基本原则,也被称为"镜头切换规则"或"180 度法则"。核心是为了保持场景内人物之间的空间关系和连续性,使得观众在不同镜头之间能够更容易理解和跟随故事,在视频画面的剪辑上避免影响混乱的状况。

在一个场景中,一般会选择一条虚拟的水平线,即 180 度轴线。这条线贯穿场景,并在其中的人物之间划定了相对位置。一旦 180 度轴线被设定,摄影师和导演会约定不跨越这条线进行拍摄。在同一场景内,摄影师只能在轴线的一侧拍摄,而不能突然切换到轴线的另一侧,在后期剪辑上不会让观众觉得有跳跃感。

（1）拍摄构思。

假定围绕妈妈和宝宝的画面有一条虚拟的线，则相机只能围绕半圈180度范围内进行拍摄，如图7-14所示。

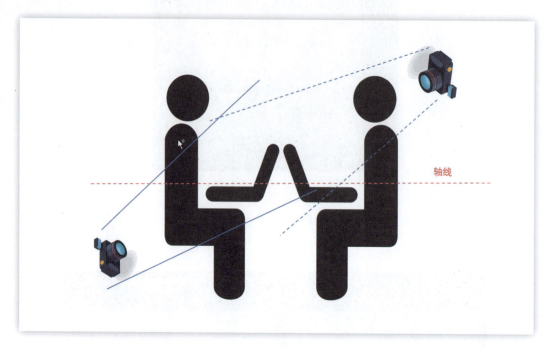

图 7-14

（2）拍摄实操。

拍摄时，以其中一个人物身体为前景拍摄另一个人物时，人物所处的画面位置不变。以妈妈的部分身体为前景，然后宝贝的位置在画面的右侧，如图7-15所示。

图 7-15

拍摄的相机最好在妈妈和小朋友的正面，若是从后方拍摄的素材，想要衔接在片段的后面，可在两个片段之间插入一个无关紧要的镜头，如某个场景物品的特写等。

2. 亲子阅读的合体中景和全景

（1）拍摄构思。

前面拍了特写和妈妈与宝宝的单独画面，可以增加一些两人合体的画面来增加温馨的氛围感，景别的增加也会让整部视频更加丰富。

（2）拍摄实操。

拍摄母女一起读绘本的中景时，学会借用身边的小道具放在镜头前作为前景，如图 7-16 所示。

图 7-16

可以对居家环境的其他物体进行空镜头的捕捉，例如地上的画笔、摆动的窗帘等。也可以用俯拍的角度拍摄绘本被小朋友散落在脚下的全景图作为段落收尾，既可以增加景别，又在不同的机位带给观众更新鲜的视角，如图 7-17 所示。

图 7-17

7.2.3　亲子阅读的脚本和镜头组接剪辑后期思路

亲子阅读在生活中是一个常态化的场景，可以作为一个小故事，也可以是一段故事的开始，后续还可以增加更多的居家生活的单元日常。以亲子共读的拍摄脚本为例，如表 7-2 所示。

表 7-2

发生事件	镜头序号	景别	画面内容	备注
亲子共读	1	特写	发生场景内的特写小摆件	
	2	特写	翻书或者指读的动作	可以用一点上移的运镜
	3	中景	以宝宝部分身体为前景拍摄妈妈读书的画面	收录同期音效,在后期剪辑时,注意声音在画面之间的衔接连贯
	4	中景	以妈妈身体为前景拍摄宝宝听到书的反应画面	
	5	中景	以小物件为前景遮挡正机位拍摄亲子共读的画面	
	6	全景	俯拍角度拍摄全景共读时,地面环境的凌乱	这时候如果要人物的大全景,需要把相机架得很高,或者用运动相机拍摄
	7	大全景	可以用门框或是别的物体作为前景,拍摄亲子阅读的画面	这样释放空间需要人物占比很小,当然需要拍摄的场景空间也要大一点
	8	环境空镜头	如果没有可以拍摄大全景的条件,可以替换成环境特写画面	这样也可以首尾呼应,开头和结尾都是环境空镜头

(1)剪辑思路。

在剪辑上,把脚本完善,整部视频的画面在脑海里过一遍,在后期粗剪时,就可以增加效率。

(2)剪辑的步骤。

可以依据个人习惯决定音乐和素材粗剪的先后顺序,但基本的剪辑步骤和整体的思路不变。要先粗剪完成,再精细剪辑,控制每一个画面的时长。饱满的情绪和画面信息密度较高的画面,时长相对长一点,特写以及信息密度低的可以时长短一点。

日常亲子类短视频分镜头画面时长不超过 3 秒,尤其是放在自媒体平台的视频,观众的时间和注意力比较有限,尽可能让每个画面短而精。

(3)亲子共读的短视频调色思路。

如果用手机剪辑相机原色彩拍摄的素材,要先提亮画面的正常曝光,画面对比度正常后再做风格化的调色,如图 7-18 所示。

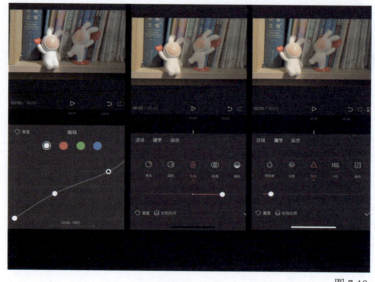

图 7-18

先调节亮度曲线,把阴影提亮,再调整色温、色调和锐化输出。

7.3 以冬至吃饺子为主题的拍摄

本节以实际案例的方式演示室内居家包饺子的亲子短视频拍摄过程。

7.3.1 特写画面开场作为故事引子

(1)拍摄构思。

讲故事需要一个引子,例如播放的音乐或儿歌可以作为故事的开头引子。当然也可以是宝宝询问"冬至为什么要吃饺子"的声音。由特写画面代入环境,作为画面组接顺序。

(2)拍摄实操。

拍摄发出声音的手机和音响,可以注意下音响作为主体,怎样构图会让画面更好看。对于规则的物体,画面有明显的几何线条,所以可以用对角线构图来布满画面,如图7-19所示。

图 7-19

通过上摇或者推拉相机镜头的运镜方式代入环境,体现画面空间的变化。以特写镜头作为家居日常视频的开头是比较常用的方法,另外可以捕捉一些窗外的树,用在视频的开头,再引入家居环境的画面,也是一种视觉表达。

7.3.2 视角切换拍摄故事发生的分镜头画面

拍摄正在包饺子的过程可以从两个角度设计拍摄内容。

1. 第一视角代入人物交代故事

(1)拍摄思路。

环境交代清楚后,可以用人物动作的特写切入人物,在包饺子这个故事单元中,按压面团、擀皮、舀馅儿、捏饺子等步骤,均可以通过镜头来放大细节。

(2)拍摄实操。

选择固定机位俯视角度拍摄,模拟第一视角人眼看到的样子,突出细节画面。

拍摄时，可以把相机架在人物面前，如图 7-20 所示。

图 7-20

在视频的拍摄计划中，可以提前设计一些意想不到的视角，会让画面更加直观，也更有代入感。在模拟妈妈擀皮时，主观看到的视角如图 7-21 所示。

图 7-21

2. 第三视角拍摄组接画面动作的连贯性

（1）拍摄思路。

在后期剪辑时，保留擀好面皮准备拿起的尾帧画面，组接妈妈拿起饺子皮的中景画面，在剪辑语法上叫保留两个画面动作的连贯性。由剪辑设计思路反向思考拍摄，需要拍摄拿起饺子皮的特写画面和包饺子的中景画面。

（2）拍摄实操。

以小物品为前景，侧面拍摄妈妈擀皮儿准备拿起饺子皮的连贯动作，侧面拍摄会让观众有继续探索的想法。

还可以增加侧拍妈妈的视线引导画面，中景拍摄笑着与宝宝对话的画面。进而推进下一个画面，如图 7-22 所示。

图 7-22

在以上两个视角的切换拍摄中,第一视角交代正在做包饺子的动作,引领观众快速代入画面,第三视角下,全景和中景的拍摄作为故事发生场景的补充画面,常常可以把故事完整地表述清楚。

7.3.3 包饺子故事发展和高潮点

在包饺子故事中,设计小朋友在玩的面团,以及两人用面粉互相嬉闹的欢乐氛围,可以作为视频节奏的高潮点。可以从以下几个角度进行拍摄。

1. 宝宝小手玩面团的发展阶段

(1)拍摄思路。

上个画面声音的伏笔,可以衔接第三视角看到宝宝正在做什么事情。记录宝宝手里捏着的看不懂的小动物形状。运用上升镜头的运镜方式,从手部特写画面到宝宝的微表情变化。

(2)拍摄实操。

画面第一帧,特写手部,如图 7-23 所示。

图 7-23

紧接着慢慢把相机上移，拍摄小朋友的近景画面，如图 7-24 所示。

图 7-24

2. 亲子面粉嬉闹的高潮点

第一个高潮点：捕捉小朋友的状态。

（1）拍摄思路。

拍摄亲子短视频时，最能够感染情绪氛围的亲子互动画面可以放置在视频的高潮阶段，在拍摄前期，则需要思考，怎样让一个画面达到氛围的高潮点，然后细致化每一个小事件的拍摄画面。

（2）拍摄实操。

小朋友故意把面粉弄到妈妈鼻子上，前景遮挡拍摄全景画面，交代一个事件的发生场景，同时视频有一种呼吸的间隙感，如图 7-25 所示。

图 7-25

释放完空间以后，为了后期剪辑过渡自然，可以增加一个中景画面，宝宝把面粉故意弄到妈妈鼻子上，妈妈回应宝宝一下。然后再是特写动作的衔接，是为了丰富刚刚全景画面的景别变化，以妈妈为第一视角的特写，会显得更加有代入感，如图 7-26 所示。

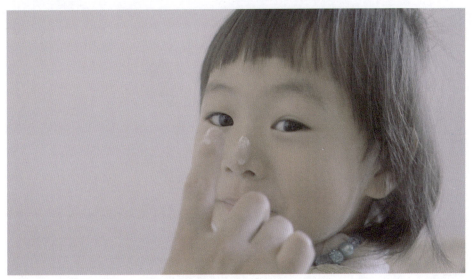

图 7-26

第二个高潮点:妈妈被宝宝逗笑的画面。

(1)拍摄思路。

如果前面的视频拍摄中,妈妈始终保持一种神秘感,没有给到正面拍摄,那么此时妈妈的笑容捕捉正是整个视频的暖心之处,可以突出细节,传达一种温馨的氛围,从而让观众找到一种情绪共鸣。

(2)拍摄实操。

在拍摄自己时,表情可以稍微夸张一点,如图 7-27 所示。

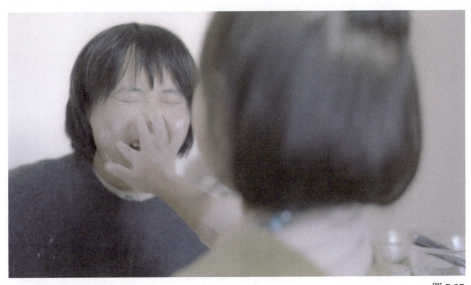

图 7-27

3. 空镜头的捕捉和收尾设计

(1)拍摄思路。

不管是饺子、擀面杖,甚至是不远处餐桌上一瓶花的特写,作为视频片段的收尾,可以用虚化人物来表现画面。

(2)拍摄实操。

把桌子上的饺子作为清晰的前景,同时把人物也框选入画,对焦点在饺子或者其他物体上,大光圈拍摄人物虚化来收尾，如图 7-28 所示。

图 7-28

大场景的拍摄和画面虚化渐隐是比较常见的视频收尾设计，在策划拍摄时，需要提前思考，哪个画面作为视频的收尾比较合适，并多做尝试，拍摄出满意的画面效果。

7.3.4 冬至饺子主题的脚本和剪辑后期思路

一般情况下，拍摄视频之前会写好包括文案在内的脚本，即便是不写脚本，也会出一个视频的大纲，然后安排前期拍摄的策划，进行剪辑。居家包饺子片段的组接画面可以这样来剪辑，如表 7-3 所示。按照表格去组接画面衔接，除去冗杂的头尾，保留中间片段，要注意的是，用面粉沾到鼻子上的景别衔接时的动作连贯性。控制素材时长，让画面看起来不拖沓。

表 7-3

事件单元	镜头序号	景别	画面内容	备注
包饺子嬉闹的画面	1	特写 - 环境中景	以特写音响画面为开始可以稍微有点运镜交代环境	
	2	特写	妈妈擀饺子皮的特写	
	3	中景	侧拍亲子围坐在一起包饺子的画面	
	4	特写 - 中景	由小朋友玩面团到中景小朋友的表情变化，可以上移运镜，也可以固定机位去拍摄两个画面	
	5	全景	前景拍摄两人在桌子旁，宝贝把面粉弄在妈妈的鼻子上	
	6	中景	以妈妈手臂为前景，妈妈再反击回去，把面粉弄在宝贝的鼻子上	
	7	特写	宝贝鼻子上面粉的特写镜头	
	8	中景	以宝贝为前景拍摄妈妈被宝贝逗笑的画面	
	9	特写	以一排排的饺子为特写镜头，然后背景画面可以是两人在包饺子的模糊画面，作为这一个片段的结尾	

在包饺子的事件单元，还可以有煮饺子和吃饺子的画面，注意景别的切换，但还是以包饺子为主题，煮饺子和吃饺子画面可以给得少一些，如表 7-4 所示。

表 7-4

事件单元	镜头序号	景别	画面内容	备注
煮饺子	10	全景	厨房环境的特写或者是厨房的厨具的全景，或者是火苗的特写	需要有一个场景切换的意识，环境从客厅到了厨房
	11	中景	妈妈厨房煮饺子的画面	
	12	特写	妈妈把饺子盛出在盘子里的特写画面	
吃饺子	13	特写	饺子端在餐桌上	
	14	中景	宝贝等饺子着急，表情的变化	
	15	全景	两人一起吃饺子的全景收尾	

把整个故事串联成一条完整的故事线之后，可以把最精彩的部分，两人嬉闹玩面粉的精彩瞬间，做一个 5 秒左右的精彩预告，放置在片头，同时，可以选择一些更加欢乐的音乐，还有两人嬉闹的笑声音效，传达出一种更为欢乐的氛围。

预告以后的音乐，可以选择稍微平缓一点的音乐，更利于故事的展开。

第 8 章　亲子旅行拍摄方法

本章以摄影师的视角,讲述亲子旅行拍摄的注意事项,包括怎样提前规划行程、针对小朋友的状态合理安排拍摄,以及在亲子旅行中有哪些可以提高拍摄效率的拍摄方法。

8.1 亲子旅拍注意事项

本节介绍怎样提前做旅行拍摄攻略和合理安排作息,从而高效拍摄的方法。

8.1.1 提前做好旅行拍摄攻略

借助旅途软件或制作表格等方法,可以做一份详尽的旅行拍摄攻略。攻略内容大致分为两大模块。

1. 旅行攻略

根据需求,搭建一个旅行攻略的框架,如图 8-1 所示。

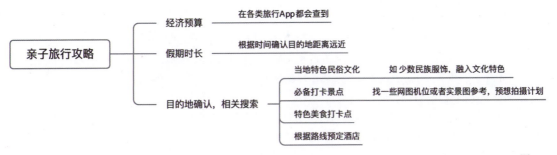

图 8-1

在做攻略时,可以根据自己的经济预算和假期时长来确定旅行的目的地。大框架搭建好之后,可以有目的地在各大旅游 App 查询最想去打卡的景点和美食。

可以从以下几方面去做搜索,提升效率。

(1)了解当地城市文化风俗、特色。拍摄时,需要融入当地特色,如少数民族服饰、特色节日等。

(2)根据自己和家人的旅游喜好选择攻略上的必去景点。搜索相关景点内的实图或者最佳拍摄机位,为拍摄计划做准备。

(3)旅行目的地必尝的特色美食。提前查看排行榜、排队指数以及性价比。

2. 拍摄计划

拍摄计划包括以下几方面。

(1)根据温度和拍摄场景匹配服装。不同地区的温度差异很大,提前查好温度,带上合适的衣物,可以融入一些当地的特色文化的元素。如静谧有历史感的古镇,适合汉服或者新中式穿搭;户外森林徒步,适合轻量型的运动服饰。

(2)人物与打卡景点的融入。在亲子短视频中,需要对拍摄环境做出相关性的互动关联。可以借助当地的特色民俗去做互动,如体验剪纸文化、做扇子、做油纸伞等。在景点中体验的活动,可以作为一个小的故事单元,展开多景别的拍摄。

(3)借助当地特色道具,合理融入视频画面。如在古镇的晒秋场,可以拿起玉米、南瓜等农作物作为拍摄道具,使人物和环境中的道具产生关联。

(4)记录美食特色,体验不同的当地美食。

(5)拍摄景点与景点之间的路线规划。在制订行程时,需要留出一些空间,以防突发事件的发生。

拍摄计划如表 8-1 所示。

表 8-1

序号	拍摄景点	发生事件	景别	拍摄时间	备注
1	龙井村	参观茶园/品茶/小吃	特写/中景/全景/空镜头/俯拍	10:00-12:00	
2	十里琅珰	徒步小道	空镜头/互动	12:00-14:00	
3	九溪烟村	小溪边嬉水	特写/中景/全景/空镜头	14:00-15:30	

8.1.2 合理安排作息高效拍摄

合理安排作息可以提高拍摄效率。

1. 把小朋友的情绪考虑在第一位

最好不要把一整天的行程安排得太满，小朋友身体得不到休息，情绪状态不佳，不仅影响拍摄效果，也直接影响其他同行家长的旅行体验。所以在行程路线的安排上采用劳逸结合的方式，有释放能量的环节，也要有补给能量的环节。在旅行的前一天晚上，尽量早睡早起。

2. 预留充足的交通转移时间

根据每个景点的重要性和个人兴趣进行时间分配。热门或大型景点可能需要一整天，小型景点或简单活动则可以安排半天，预留充足的时间用于交通，避免因为赶路而错过景点的拍摄活动。

3. 设定核心行程

重要的拍摄场景，可以设定为当天的核心行程，但需要预留探索周边或休息的时间。对外出拍摄而言，还需要额外关注日出日落时间，安排好拍摄黄金时间。

4. 安排合理的用餐时间

旅行中，由于不同的体验，运动量相较于日常会多很多，尽可能多地补充能量，也在用餐期间找个安静舒适的环境，让身体得到充分休息。

5. 灵活调整拍摄计划

做计划是为了梳理拍摄思路，而不是固化思维，为了完成某一项拍摄任务而忽略了旅行中的体验感。记录小朋友的成长，首要任务是记录孩子的童年时光，不能为了完成某项任务式的拍摄，本末倒置。在旅行拍摄中，要把旅行体验感放在第一位。

合理安排时间，提高拍摄效率的方式如图 8-2 所示。

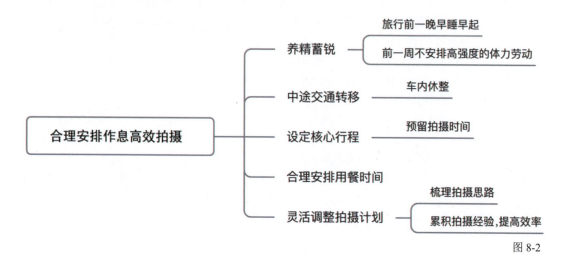

图 8-2

8.2 亲子旅行拍摄方法

在旅行拍摄中,可以通过哪些拍摄方法提高拍摄效率呢?

8.2.1 手动对焦风景虚化人物拍摄

无论照片还是视频,所拍摄的主体一定要清晰明了,突出主体。正常情况下,看到的照片和视频画面应该是人物清晰、背景虚化,如图 8-3 所示。

图 8-3

在旅行拍摄中,若是遇见比较好看的风景,想以风景为主体或突出建筑背景,也可以选择以人物为前景虚化,让背景清晰,彰显一种氛围感,如图 8-4 所示。

图 8-4

也能以空镜头为视频片段的开头,人物画面由虚到实,慢慢对焦在人物主体上,如图 8-5 所示。

图 8-5

8.2.2 与场景元素合理互动

在旅途中可能会遇到很多特色演出,拍摄时,可以把当地特色融入视频画面中,如图 8-6 所示。

图 8-6

也可以记录小朋友和小动物相处的场景,如图 8-7 所示。

图 8-7

碰到小朋友比较天马行空的画面，需要尽可能快地捕捉镜头，记录下来，如图8-8所示。

图8-8

在户外旅途中，也会遇到生活中不常见的花草、植被、树木等，可以引导小朋友和花草对话、躺在树上假装休息等，还可以自己携带道具，策划小游戏，如图8-9所示。

图8-9

在旅行拍摄中，尽可能多地利用场景中的元素，或者让人物和环境产生关联。这不但可以丰富视频画面，还能给小朋友增加更多的旅行体验。

8.2.3 多场景记录同一亲子动作转场

1. 相似性转场

在视频画面的组接中，为了让场景切换看起来更加丝滑，需要用到转场。

常见的转场有遮挡物转场、黑屏转场、淡入淡出叠化转场和相似性转场。其中，相似性转场又称为匹配转场，即上下两个画面有相似的元素作为匹配转场。这种转场原理巧妙地运用了上下镜头的相似关联，带动观众的视觉，实现人们逐步感知事物的规律，更加强调画面中某一元素的相似和一致性，例如颜色的一致、动作的一致、主体的位置一致等。

在亲子旅行拍摄中，可以利用相似性转场技巧，在不同的场景和旅行目的地之间刻意做出相似的动作，用于后期旅拍混剪的素材，例如转圈、拥抱、奔跑等。在一段成长视频中，可以利用这种不同场景之间的转圈圈来设计视频画面的组接，第一个片段如图8-10所示。

图8-10

视频第二个片段，组接一个相似场景的转圈素材，如图8-11所示。

图8-11

相似性转场需要同时具备形状、颜色、动作、主体的一致性，而且至少具备同一个相似性元素。

例如，在每个旅行地具有代表性的场景下，可以拍摄人物奔跑越跑越远的背影，最后在成片剪辑中，把不同场景的奔跑背影串联在一起，如图8-12所示。

图8-12

也可以是某一个场景下，人物主体运动的方向一致，例如人物主体从画面的左侧向前奔跑到画面的右侧，如图 8-13 所示。

图 8-13

不同场景下相似动作的组接，尤其是大场景下的画面，组接起来会带来不一样的视觉感受。

2. 特写转场

在旅拍视频剪辑中，也可以采用特写转场，即前面的镜头是上一个场景，紧接着的后一个镜头从特写开始。特写镜头下的环境特征不明显，所以场景的变化不容易有跳跃感。在旅拍视频中，使用特写镜头作为一个新场景或新的旅行目的地的开头片段，具有新奇感和冲击力，使人们自然而然地集中注意力仔细观看，从而忽视或淡化了前一个镜头的视觉内容，这在日常生活中的剪辑转场也很受用。

在旅拍中，可以借助环境中的任意物体来进行特写画面的拍摄，如向前行走的脚步、路边的花草、树林中的小树叶、旅行酒店窗前的台灯等，如图 8-14 所示。

图 8-14

8.2.4 亲子旅拍剪辑思路

1. 航拍素材

在脑海中回顾所看过的电影，经常会用一些大场景或者航拍的空镜头来开场。在亲子旅拍的视频中，也可以模仿此类电影感开场方式，旅行拍摄时要多拍一些空镜头，把素材放在视频开篇，如图 8-15 所示。

图 8-15

也可以借助无人机模拟俯视视角,拍摄出小山村的临近河边的地理全貌,展示小山村的僻静,如图 8-16 所示。

图 8-16

自上而下的拍摄角度,可以给受众呈现更广阔开放的视野,而且航拍的拍摄画面往往更宽广,能够更直观地展现场景的特点,使画面更辽阔。

2. 旅拍视频的剪辑思路

如果有航拍素材,可以把航拍素材放在开头和结尾处,中间片段铺设其他故事画面,如图 8-17 所示。

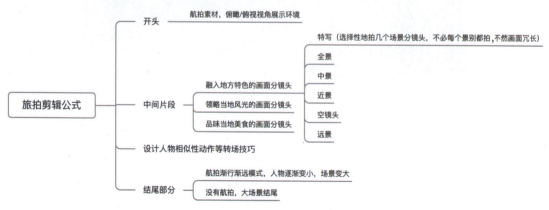

图 8-17

若没有无人机，可以用相机模拟俯视拍摄画面或者其他空镜头，从而替代航拍素材。

3. 音乐的选择

亲子旅拍的视频，可以选择一些比较轻快的音乐。试着在音乐平台上输入"轻快、旅行、欢快"等关键词。例如在网易云中输入"旅行"，就会出现很多关于旅行的歌单，如图8-18所示。

图 8-18

在亲子旅拍中，可以加入自己的旁白，文案内容可以是关于某一个景点的描述，或者是在旅途中的一种人生感悟的分享，也可以只是一段音乐铺设整个画面。

第 9 章　低月龄宝宝拍摄方法

本章主要以摄影师拍摄客单的角度,介绍与被拍摄家庭前期沟通和拍摄时需要注意的事项,以及拍摄周岁礼的主题和抓周礼的流程。

9.1 低月龄宝宝拍摄注意事项

儿童摄影师上门拍摄低月龄宝宝时,需要提前对小宝宝的生活作息以及喜好做很多沟通工作,方便在上门拍摄时更好地把控现场状态和宝宝的配合度。

9.1.1 询问宝宝喜好和生活作息见缝插针

作为拍摄者需要在拍摄前做好沟通工作,可以在拍摄脚本里预演可能会发生的事件或者状况。

1. 满月宝宝拍摄

满月宝宝多半时间是在睡觉或吃奶,醒来的时间会比较短暂,可以记录宝宝醒着玩耍的瞬间,以及爸爸妈妈抱着小宝贝晒太阳等画面。

在拍摄之前,罗列脚本大纲,合理安排好时间,例如哪些画面可以在宝贝睡着的时候拍摄,哪些画面可以在宝贝醒着的时候拍摄,如图 9-1 所示。

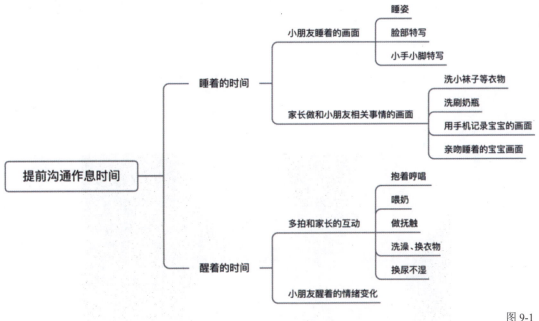

图 9-1

2. 百天的宝宝拍摄

(1)家庭纪实。

熟悉的家居环境对于宝宝来讲更有安全感,三个多月的宝宝和家长的互动更多一些,可以侧重拍摄小宝宝和家长互动的画面,例如,家长把小朋友抱在怀里逗笑,小朋友自己翻身等画面,可以捕捉小宝宝的情绪变化。

(2)宝宝百日宴跟拍。

跟拍百日宴时,可以拍摄用心布置的装饰,或亲朋好友对宝宝送出祝福等画面,详细思路如图 9-2 所示。

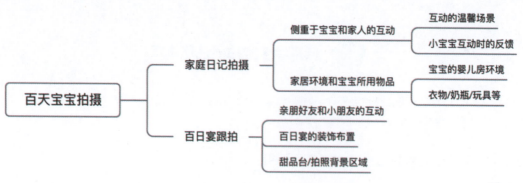

图 9-2

上门拍摄家庭日记类的视频,拍摄前多和家长沟通宝宝的作息时间,以及可以让家长提前拍一些不同时间段的家居环境、室内光线等,后期拍摄时尽可能靠近窗户的光源,采用不同的机位进行多角度拍摄。

9.1.2 上门拍摄如何避开混乱的家居环境

长时间居住的房间,加上新生宝宝的到来,家居环境难免会杂乱。如何利用拍摄角度和机位的变化获得干净的背景?

(1)靠近窗户光源顺光拍摄。因为光线的层次,后面背景会暗下来,人物的光感明显,能够更加突出主体,所以可以引导家长抱着宝宝坐在窗旁。

(2)靠近窗户光源侧逆光拍摄。侧逆光下的主体有明显的轮廓光和明暗细节,是拍家庭日记类视频常用到的机位。拍摄者可以捕捉侧逆光位置下,家长和小朋友的互动画面。

(3)多拍摄特写画面。想要得到强烈的画面冲击感,可以用对比的方式,如父母的手或其他长辈的手握住小朋友的手脚进行拍摄,画面有明显的大小对比,视觉观感更佳,如图 9-3 所示。

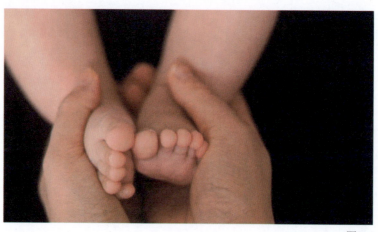

图 9-3

(4)用仰拍和俯拍视角拍摄。用仰拍和俯拍的视角,背景就会变成天花板和地板,可以规避很多杂乱的物品,如图 9-4 所示。

(5)借助前景拍摄。前景遮挡不仅可以增加画面的层次感,在视觉画面上有电影的质感,还可以遮挡住杂乱的物品。

善用规避杂乱的技巧,可以在复杂的家居环境中拍摄出温馨的视频作品。作为拍摄者,需要多次尝试不同的机位和角度,从而获得更佳的画面效果。

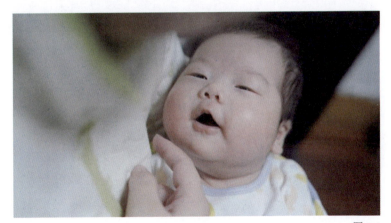

图 9-4

低月龄宝宝拍摄方法

本节介绍拍摄低月龄宝宝的方法，包括怎样设计互动事件，以及怎样拍摄小宝贝的局部特写等内容。

9.2.1 设计家人和宝宝互动的画面场景

家庭日记式的视频拍摄，主要拍摄环境是居家卧室、客厅，可以根据场景环境，调整拍摄机位和角度。拍摄者上门拍摄前，可以提前与家长沟通交流，了解家长和新生婴儿的生活轨迹，从以下几个互动场景拍摄。

1. 记录家人哄睡小朋友的画面场景

低月龄的小宝宝动作幅度比较小，唯一可以让视频画面看起来生动的方式，就是记录他们的各种可爱的小表情，如小朋友在家人怀里打着哈欠时的温馨场景，如图 9-5 所示。

图 9-5

2. 亲子喂养的场景

通常可以全景记录妈妈在卧室哺乳的画面，也可以通过记录某一特写画面，避开妈妈五官的入镜，从而借助一些角度来消除妈妈的紧张情绪和尴尬心理，如图 9-6 所示。

图 9-6

3. 小朋友换尿不湿的场景

对于低月龄的小宝贝,换尿不湿的事情也是日常发生且值得记录的事情,在拍摄时需要注意保护小朋友的隐私,如图 9-7 所示。

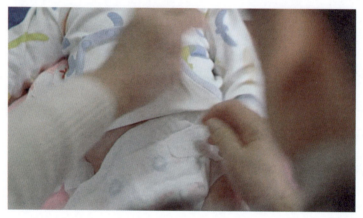

图 9-7

4. 二孩家庭拍摄手足互动的场景

若是上门拍摄客片,可以记录老大与二孩之间的温馨互动场面,例如老大摸摸弟弟或妹妹的小手小脚、模仿弟弟或妹妹的小表情、引逗弟弟或妹妹的画面等。也可以分别记录老大和小宝贝的视频,然后在剪辑时组接在一起,如拍摄老大模仿小宝贝睡着时躺在婴儿床的画面,如图 9-8 所示。

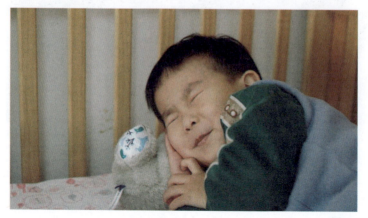

图 9-8

在拍摄记录家人和小朋友互动的画面时,需要先思考,在当下场景,小朋友和家人会发生怎样的互动。然后针对互动事情,设计拍摄方式,或者思考通过怎样的分景别镜头来阐述整件事情的发生,才能够让观众看得更明白。

9.2.2　记录宝贝身体的局部特写

小朋友长大其实是一个转瞬即逝的过程,不知不觉中,家中会有很多穿不上的衣服和小袜子、小鞋子。尤其是出生十几天到6个月的阶段,他们的小手、小脚、睫毛或手腕,都是他们不曾再次拥有的童年回忆。

记录他们还没有爸爸手掌大的小脚丫,如图9-9所示。

图9-9

记录他们经过羊水浸泡,还在蜕皮阶段的小手,如图9-10所示。

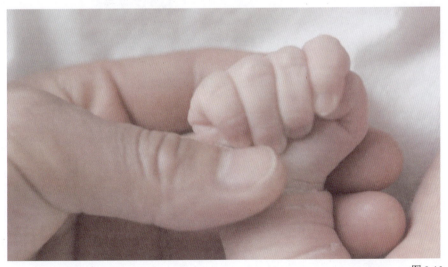

图9-10

记录新生婴儿期,身体毛茸茸的画面,耳朵以及身体局部展现出这个阶段的特质,如图9-11所示。

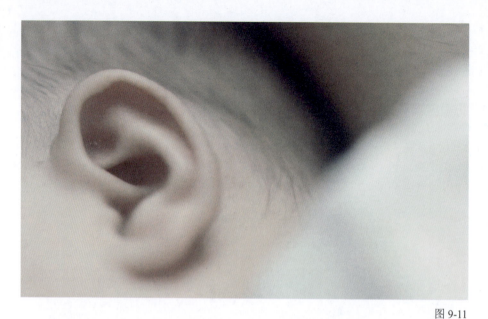

图 9-11

记录小宝贝的体重从 3~4kg 的五十几厘米长,到肉嘟嘟的小胳膊和大粗腿的特写,如图 9-12 所示。

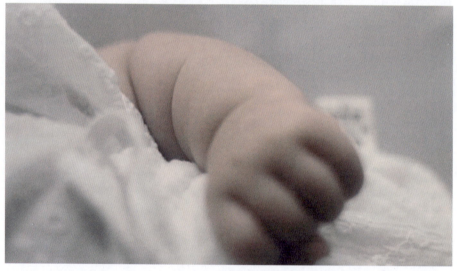

图 9-12

通过对细节的捕捉来丰富视频素材的景别,使视频画面更加生动,并且在视觉画面上更加有冲击力,还可以借助这些特写画面来充实整部视频。

9.2.3 记录宝贝用的和玩的物品

电影中常会出现一些没有人物或者车流涌动的夜景画面,此类画面统称为空镜头,也叫作"景物镜头",指的是画面中没有人物出现的镜头。

在亲子短视频的拍摄上,空镜头的捕捉,不仅可以对视频的叙述事件表达有过渡作用,还可以渲染家庭氛围的温馨。

(1)拍摄小朋友的玩具。摆在家庭合照前的小玩具,传达温馨情绪,如图 9-13 所示。

图 9-13

（2）拍摄悬挂的小朋友的衣物，如图 9-14 所示。

图 9-14

（3）拍摄小朋友常用的物品，如安抚奶嘴、温奶器、洗刷奶瓶的刷子、奶瓶等，如图 9-15 所示。

图 9-15

（4）拍摄家居场景。记录家里可以表达家庭氛围的场景，如妈妈随手插的花，如图 9-16 所示。

图 9-16

妈妈可以在宝宝睡着的时候拍摄此类空镜头,借助 3.2.5 节讲到的构图方式,尽可能把画面拍得唯美一些。如果是作为儿童摄影师上门去拍摄客片,可以把拍摄空镜头的时间安排在小宝宝还没有准备好拍摄的前期阶段,或者小朋友已经疲惫的后期阶段,以此来提高拍摄效率。

9.3　周岁礼的拍摄方法

随着国学文化的兴起,过周岁礼成为很多家长追捧的活动。记录小朋友过一周岁的过程,有着非同寻常的意义。可以通过强化主题的方式不同来进行有主次的拍摄。

9.3.1　以时间线为主题的花絮拍摄

以时间线为主题的拍摄,一般拍摄时间较长,可以按照一天的时间线进行记录。

1. 仪式前的准备花絮

早晨,小朋友还在睡觉时,拍摄大人们忙忙碌碌布置周岁礼的场景,如图 9-17 所示。

图 9-17

2. 家人对仪式重视的画面

父母为小朋友周岁礼做的一些事情，如在印足环节，妈妈为小朋友题字的画面，需要特意用特写镜头强调说明，如图9-18所示。

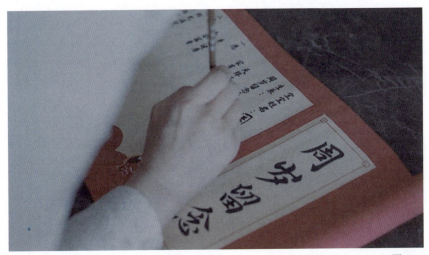

图9-18

3. 周岁礼流程

不必把每个流程都事无巨细地记录完整，挑一两件抓周的事件，如抓到的物品以及封酒的结束，作为整个周岁礼流程的拍摄记录。

4. 晚宴环节

给小朋友过生日、唱生日歌和切蛋糕环节，是整部视频拍摄的高潮部分。在视频的最后，可以增加父母或其他长辈对小朋友的生日祝福画面，作为视频的升华结尾部分。

纵观整部视频的节奏是以时间线为主题，以某事件为重点进行拍摄，即使是零碎片段组接而成的视频，也要有主次之分。

9.3.2 以周岁礼流程为主题的拍摄

1. 周岁礼仪式内容

若以周岁礼的流程作为主要记录内容，则需要知道周岁礼所包含的内容以及执礼人和执礼时需要准备的道具，如表9-1所示。

表9-1

顺序	流程	祝词	执礼人	准备道具
1	滚灾	滚灾滚灾，灾难走开	外婆/奶奶	熟鸡蛋
2	净手	一洗手，聪明伶俐应有尽有；二洗手，平平安安腰缠万贯；三洗手，生活富裕事事顺利	外公/爷爷	玻璃碗，葱，大米，苹果
3	冠衣	换新衣，新气象，开启人生新篇章；穿新鞋，走新路，好运挡都挡不住	妈妈	新衣物
4	戴金	带上百福锁，百福环绕，吉星高照；戴上金手镯，一生平安，自在快活	外公/爷爷	金手镯，百福锁

续表

顺序	流程	祝词	执礼人	准备道具
5	梳头	一梳智慧开,宝宝聪明又可爱;二梳财富来,宝宝财富滚滚来;三梳手儿巧,宝宝做什么都成宝	外婆/奶奶	梳子
6	敲锣启智	一敲智慧开;二敲及第登科;三敲财运兴旺	妈妈	小锣,槌子
7	过葱门	青葱头上挂,才华横溢聪慧高;青葱头上顶,聪明绝顶赛群英;青葱门下过,出类拔萃智谋多	爸爸	大葱/可买过葱门道具
8	抓周	不同道具对应不同祝词	宝宝自己	可买成套的抓周道具,包含地垫及各种小物件,以及对应祝词内容
9	印足	宝宝印足,知足常乐,山高海阔,一生踏实走过	爸爸妈妈	印足的摆台或者字画和毛笔
10	封酒	一封(冠礼酒)待你18周岁时开启;二封(状元酒)待金榜题名时开启;三封(合卺酒)待你喜结连理时开启	爷爷奶奶/外公外婆/爸爸妈妈	三瓶酒,及封酒贴纸和题字毛笔
11	食福	吃口苹果,平平安安;吃口寿面,长长久久;吃口蛋糕,开开心心	外婆/妈妈	苹果,寿面,点心或者蛋糕
12	合家福	周岁礼成,生日快乐	全家	

2. 周岁礼流程拍摄注意事项

如果条件允许,可以进行双机位拍摄,一台相机架在三脚架上,放置在执礼流程的背景正前方,录制整个周岁礼的过程;另一台相机摄影师手持拍摄,用来捕捉画面的细节和近距离的中景和近景景别来丰富画面。

如果只有一台相机,要兼具拍摄照片和拍摄视频两个功能,可以借助手机来记录固定机位的拍摄。或者在执礼时,要求执礼人动作稍微慢一点,给拍摄者足够的时间去捕捉画面的细节。拍摄封酒礼时的细节特写如图9-19所示。

图 9-19

3. 礼成后的全景收尾

在每一个仪式完成后,拍摄全景画面收尾。例如在封酒礼完成后,可以拍摄一个相对于酒而言的全景景别,以此表示一个环节的结束。

4. 空镜头的捕捉

在小朋友准备下一个执礼环节时,对道具进行空镜头的拍摄,如小朋友新衣服的拍摄,如图9-20所示。

图 9-20

5. 捕捉细节的特写画面

对小朋友抓到的东西给一个局部特写。多年后,回忆小朋友抓周环节,也更能够印象深刻,如图 9-21 所示。

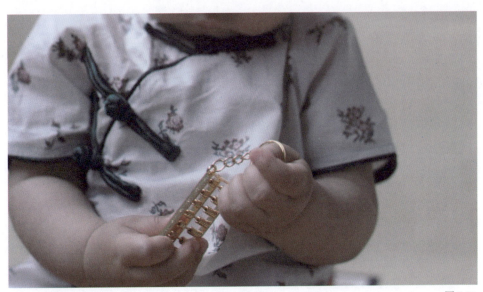

图 9-21

在周岁礼流程为主题的拍摄中,所要拍摄记录的是整个流程中的每个执礼环节。在执礼环节中,代入导演思维来分镜头拍摄和表达事件内容,拍摄过程时才不至于手忙脚乱。

9.3.3 以采访父母心路变化为主题的拍摄

1. 采访内容

对于采访主题的拍摄,侧重点可以放在爸爸妈妈作为新生父母的采访视频上。安排一个相对安静一些的房间,分组进行采访。采访的声音采录,可以用作视频的旁白。可以先给家长采访提纲,提前让父母以及其他长辈思考采访问题。

对父母以及其他长辈的采访提纲如表 9-2 所示。

表 9-2

采访对象	采访提纲
父母	1. 宝贝名字的缘起
	2. 见到宝宝的初印象
	3. 一年来,初为人母 / 父的心路历程
	4. 对宝宝的生日祝福与未来 /18 岁的寄语
	5. 父母想对对方说什么
其他长辈	1. 对宝贝的初印象
	2. 对宝贝说的寄语与祝福
	3. 对宝贝的爸爸妈妈说点什么

2. 视频补充素材的拍摄

在拍摄采访类的视频时,每组家人录制的时长至少要 20 秒,甚至更长。为了让视频看起来不呆板单调,可以在录制后,拍摄一些家居环境的空镜头和宝宝的镜头,以及家人提到的初印象,加入家人手机中的小宝宝出生时期的照片和视频素材,按照时间线,拼接一整年的变化,会让视频内容更加丰富,如图 9-22 所示。

图 9-22

3. 写信表达

如果家人对镜头比较敏感,可以用写信的方式,让家人把采访提纲的内容用信件的方式写下来，拍摄者记录写信的过程，最后家人可以把信件的内容读出来，作为视频的旁白，也是一个不错的方式。

记录拿起笔写信的特写镜头如图 9-23 所示。

图 9-23

交代人物。谁在写这封信的近景画面如图 9-24 所示。

图 9-24

最后把画面给到小朋友，从而让观看者知道这封信是给谁的。将整个写信、封信、读信的环节分成事件单元去拍摄完整。然后录制写信环境的空镜头，以及捕捉宝宝正在做什么事情的画面。

不管是采用怎样的主题拍摄方式，主要人物都是当下阶段的宝宝，所以要多记录宝宝的画面。于后期剪辑而言，素材内容足够丰富。于家人而言，是一份弥足珍贵的回忆。

9.4　1~2 岁宝宝的拍摄方法

不同阶段的小朋友有着不同阶段的可爱之处，记录专属阶段的记忆，留下他们的童年画面和声音。

9.4.1 记录宝宝蹒跚学走的可爱画面

当小朋友进入到蹒跚学步的阶段时,妈妈要怎样拍摄呢?

1. 捕捉宝宝可爱情绪

留意他们的微表情变化,以此捕捉小朋友的动向轨迹。蹲下又站立地反复尝试,因为本能反应,又害怕摔跤,记录他们反复尝试站立蹲起的可爱画面,如图 9-25 所示。

图 9-25

2. 记录父母欣喜的状态

爸爸妈妈对于小朋友坚持站立十几秒的进步而感到欣喜不已,宝宝也会喜不自胜。可以捕捉爸爸妈妈看到宝宝站立的全景画面,如图 9-26 所示。

图 9-26

小朋友自信地想要多尝试走路,从家人拉着小手向前走路,到他们自己独立迈出成功的第一步的惊喜画面,如图 9-27 所示。

图 9-27

3. 旁观者视角拍摄妈妈的关心

第三视角拍摄妈妈对宝宝无微不至的关心,记录妈妈当下的状态,如图 9-28 所示。

图 9-28

拍摄者身份的不同,主题切入点的不同,创造不同的代入视角,创作的视频内容也会截然不同。

9.4.2 记录宝宝吃食物的画面

一岁之后,小朋友对世界的探索欲更加强烈,也迎来小朋友口腔期发展的重要阶段,不管能不能吃,首先需要咬一咬、啃一啃。他们对事物的探索与认知也更加好奇,可以记录不同场景下小宝宝吃东西的画面。

1. 仰拍视角拍摄吃辅食场景

记录他们吃东西时把碗掀起来的可爱画面,如图 9-29 所示。

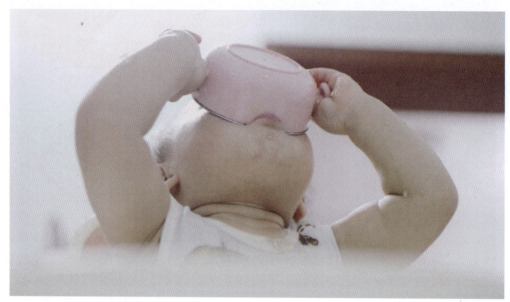

图 9-29

2. 食物弄脏小脸的场景

1~2 岁的宝宝手指精细动作发展并不是非常完善，所以吃食物也会弄得到处都是，带着他们照照镜子，他们自己也会被满脸满手脏兮兮的可爱模样笑到。

可以用镜头记录可爱画面和嘿嘿大笑的小奶音。当他们正在照镜子时，可以引导他们向着相机方向回头，便可以捕捉到可爱的画面，如图 9-30 所示。

图 9-30

类似画面，还可以联想到吃冰激凌、饼干、面包、果冻等，食物是拍摄孩子最好的道具，当他们吃东西时，拍摄者更能够捕捉到很好的情绪画面。

3. 分享食物的场景拍摄

食物既可以是很好的道具，也是小朋友之间很重要的社交连接，两个小朋友见面，可以记录互相分享食物的友爱画面，如图 9-31 所示。

图 9-31

对于 1~2 岁的小宝宝来说,食物是比玩具更能够引起注意力的物品,拍摄者可以通过不同场景下,小朋友吃食物、分享食物的场景去记录小朋友的珍贵回忆。

9.4.3 记录宝宝玩水洗澡的画面

不管是刚出生的宝宝还是一两岁的小朋友,如果给他们一盆水,他们可以玩很久。在保证室温温度适宜的情况下,记录下他们洗澡嬉水的画面。

1. 室内玩水的场景

(1)捕捉细节特写。

被他们的小脚丫溅起的小水花,如图 9-32 所示。

图 9-32

（2）记录家人守护画面。

家人在旁边守护，给他们洗澡的画面，如图 9-33 所示。

图 9-33

（3）室内环境和空镜头的捕捉。

除了拍摄宝宝和家人互动的画面，也要记录室内环境和空镜头的画面，以此丰富画面素材。

2. 户外踩水的画面

下雨天时，小一点的小朋友可以等到刚下完雨，地面还有积水时，穿着防水的鞋子，出门去踩水坑，如图 9-34 所示。

图 9-34

适当控制时间,及时更换湿衣物,短暂地玩耍十来分钟,既记录了他们难得的玩水画面,他们也收获了快乐的一整天。即便是他们喜爱的小玩偶弄脏弄湿,他们也很开心的,如图9-35所示。

图 9-35

在不同的阶段,解锁下雨天的快乐又有所不同。稍微大一点的小朋友,可以尝试让他们穿着雨衣和雨鞋,感知不同天气的自然现象,如同9-36所示。

图 9-36

在拓展小朋友认知的同时,又能够得到小朋友童年里快乐的情绪,如图9-37所示。

图 9-37

　　于小朋友而言,他们当下的快乐重要,拍摄记录也同等重要,在拍摄记录的同时,他们也在感知自然天气的变化,了解更多的自然现象,具备适应各种环境的能力。

第 10 章　怎样提升亲子短视频的审美

本章介绍获得审美渠道的来源、怎样从电影中学习,以及怎样学以致用,快速形成自己的风格等内容。

10.1 如何从电影中提升审美

本节介绍从电影中提升审美的方法,包括从哪方面开始学习亲子电影拍摄和快速从亲子电影中学以致用等内容。

10.1.1 从哪里着手学习亲子电影拍摄

1. 审美感受力

审美感受力是指人感受、鉴赏、评价和创造美的能力,指审美的主体凭自己的生活体验、艺术修养和审美趣味有意识地对审美对象进行鉴赏,从中获得美感的能力。拍摄亲子类短视频时,可以通过借鉴一些亲子类电影类别来提升审美。儿童类题材和家庭亲子题材类电影都是拍摄亲子短视频所获得的灵感来源。

2. 审美学什么

在电影学习中,可以从色调、构图、景别语言、音乐、节奏等方面来学习,如图 10-1 所示。

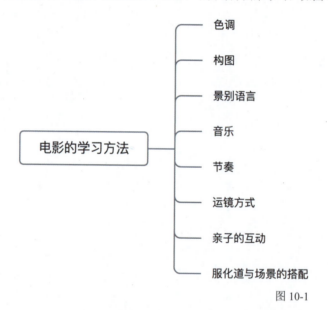

图 10-1

3. 电影片单

本书整理了一份入门级别的,适合亲子类视频拍摄者的电影片单,如表 10-1 所示。

表 10-1

序号	电影片单	备注
1	《海蒂和爷爷》	治愈系高分电影
2	《第一次离别》	喜欢片中大远景的拍摄,以孩童的视角展现他们的世界
3	《天生一对》	双胞胎姐妹多年后重逢的故事
4	《幸福来敲门》	励志题材,但是亲子间很温情
5	《菊次郎的夏天》	夏日气息十足

续表

序号	电影片单	备注
6	《小鞋子》	印象很深的就是兄妹俩在交换鞋子时的奔跑画面
7	《七号房的礼物》	土耳其版本的电影色彩
8	《狐狸与我》	很多户外的场景拍摄,画面很好看
9	《夏日细语》	可以关注一下电影色彩
10	《蒂莫西的奇异生活》	拍摄秋天题材,可参考这部影片的部分画面色调
11	《奇迹男孩》	像一部暖心的童话
12	《地球上的星星》	阿米尔·汗导演作品
13	《雨果》	
14	《天才诗童》	幼儿园主题的拍摄可以借鉴一些片段
15	《灵犬雪莉》	动物,大自然,小朋友的天真可爱
16	《何以为家》	小语种高票房片子
17	《穿条纹睡衣的男孩》	战争时代背景下的故事
18	《天才少女》	舅舅与外甥女的温情故事

4. 获得审美提升来源

视频广告、电影、关于影视类的书籍,以及一些画展、摄影展,都可以帮助我们提升审美,如图10-2所示。

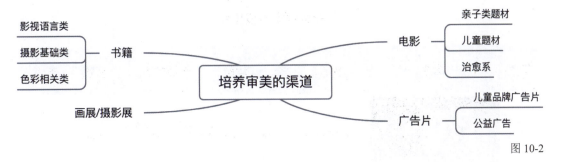

图 10-2

10.1.2 怎样快速从亲子电影中学以致用

1. 拉片

拉片是指通过后期剪辑软件,一帧一帧去观看影片,从而更加深入地剖析电影,探究导演的创作意图和艺术手法。

2. 如何拉片

在达芬奇中使用"探测场景切割"功能。将截取下来的素材片段拖动到时间线上,在剪辑面板的左上角"时间线"菜单中,"探测场景切割"就会自动将完整的片段截取成逐个片段,如图10-3所示。

图 10-3

可以在剪辑软件上观看视频的每一个片段,然后逐步分析画面,获得需要的关键信息。最好辅助一份拉片表格文档,文档备份后,可以随时翻阅拉片笔记。文档中可包含画面截图、景别、运镜方式等内容,如图 10-4 所示。

序号	图片	构图	景别	运镜	画面内容	音效	备注
			《怦然心动》片段拉片				
1		九宫格构图	远景—全景	下拉镜头	由树叶遮挡的画面下拉镜头至人物,然后放下自行车的一个长镜头	自行车	
2		三分法	中景	跟随镜头	镜头跟随人物运动	门	

图 10-4

场景、道具的选择,服装的搭配,都是需要学习的内容,但也并非越详细越好,翻阅笔记时,捕捉关键信息就可以,以自己能看懂的方式记录关键信息,便是拉片表格文档的制作方法。

保留下好看的电影片段,拉片学习之后,完全可以当成一个拍摄的脚本参考,为后期拍摄以及剪辑组接提供一个方向。通过实践应用到自己的视频剪辑中去,真正做到学以致用,就是拉片学习的目的。

10.2 如何建立亲子电影感审美库，快速形成个人风格

通过建立提升电影的审美库、翻看自己的拉片笔记，以及对于自己创作的作品进行复盘，一步步提升自己拍摄短视频的创作能力，形成个人风格。

10.2.1 学会对积累的审美素材做分类整理

试着对审美素材做分类整理。可以从不同的画面风格分类，如小清新风格电影、古风电影或是法式电影感电影；也可以从题材上分类，如公路电影、家庭题材电影、爱情电影、亲子关系题材电影，如图10-5所示。

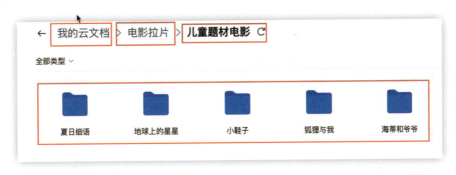

图 10-5

如果没有时间拉片，看完电影之后，可以记录自己印象深刻的某个片段的感受，然后在后期创作产生瓶颈时，也是不错的灵感来源。还可以借用思维导图梳理内容，如看到某个广告片段，有了新的想法，可以用导图的形式，记录下获取的关键信息，如图10-6所示。

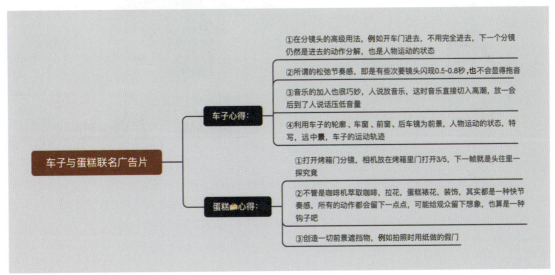

图 10-6

及时归类整理所做的笔记，方便查找时更加高效。及时记录，养成良好的分类整理习惯，以自己的内容便利为主，建立不同的文件夹，进行分区整理，如图10-7所示。

图 10-7

当你想要拍摄某一类主题的视频时,可以通过不同工作区域文件,快速找到需要的信息,从而来获取灵感来源,避免浪费时间。

10.2.2 对主流风格审美的拆解和模仿

模仿一段电影片段或者其他视频素材时,应该怎样进行拆解和模仿?

首先需要考虑电影画面拍摄场景的相似度、服装和道具风格的相似度。再去拆解小目标,包括拍摄景别、运镜方式和后期调色风格。所有视频拍摄模仿的前提条件是硬件设施的相似度,而后讲调色风格的匹配。同样一段 A 素材,导入达芬奇之后,想要调成 B 画面色调,但是在服装上、场景上却大相径庭,那么调色出来的效果当然也会截然不同,如图 10-8 所示。

图 10-8

剪辑的模仿重头戏是对色调的模仿,学会利用软件中的示波器,观看画面的饱和度信息。可以借助达芬奇的限定器,判断所选高光和阴影区域的主色调。将所选取的高清素材的色调转化为语言工具。

利用"波形图"工具判断参照素材的明度(Luma)信息时,试着问自己几个问题。

- 图片的亮度和对比度是多少?
- 是明亮的,还是黑暗的场景?
- 对比度是高调还是低调?
- 波形中聚集的痕迹在哪里?
- 高光和阴影分布有多少细节?

波形图的轨迹分布一般是画面的物体形状的直观呈现，波点轨迹可以理解为画面像素点分布，根据波形聚集位置的密集程度，可以判断该位置的细节多少，如图 10-9 所示。

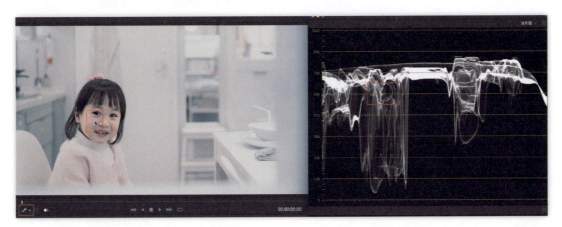

图 10-9

对于图片的色彩信息可以借助"矢量图"示波器，观察参照图片的色彩分布信息。

- 图片中有哪些颜色？
- 图片中有没有唯一的主色？
- 场景是否遵循特别的配色方案？
- 高光是什么颜色？
- 什么颜色用作阴影和底色？
- 饱和度值多大？
- 是否有某些物体或颜色比其他物体或颜色更突出饱和？

由参照的素材来看，能清晰地看到画面中有青绿和橙红的溢出，并且分布信息呈相反方向的两端，所以在调色时，遵循了互补色原则。对阴影做了青绿的偏色，与画面中的人物肤色做了对比。使用限定器工具更能够直接观察到每个位置对应的色彩信息，如图 10-10 所示。

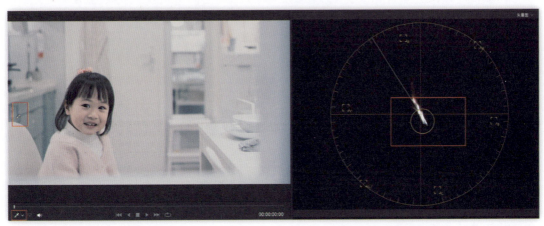

图 10-10

对需要模仿的素材进行结构拆解、色调语言的转化，剩下的工作就是反复尝试，靠近想要模仿的参考素材的色调。想要拆解和模仿一段素材的拍摄，可以分为前期准备、拍摄过程和剪辑后期三大块，如图 10-11 所示。

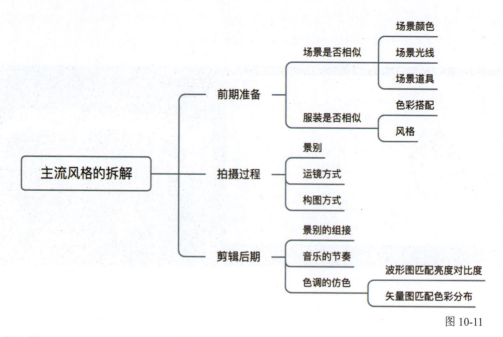

图 10-11

针对模仿的素材,拆解成一个个的小目标,理清思路,按照思路去匹配想要模仿的素材。

10.2.3 对自己素材的整理和复盘,输出风格化特点

对于亲子短视频拍摄新手来说,把每次拍摄的交付成片归纳到一个文件夹类,备注好时间和名称,成片数量积累起来后,便可以进行复盘。

复盘的方法可以采用 KPT 复盘法。

1. KPT 复盘法

KPT 复盘法如图 10-12 所示。

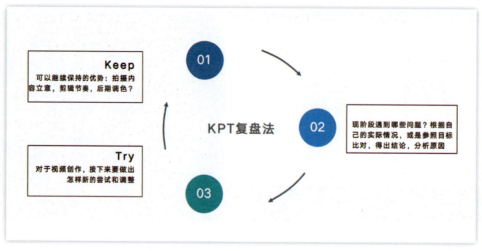

图 10-12

2. 复盘的 3 个步骤

(1)"Keep,继续保持什么"。

现阶段,哪些拍摄令我比较满意,是拍摄内容好?前期准备工作足?还是后期剪辑节奏强?找到满意

的地方继续保持。

（2）"Problem，遇到的问题及分析原因"。

目前在视频创作上遇到了哪些困难？比对参照目标，有哪些做得不足？找到现阶段所遇到的问题，分析原因。哪些是主观原因？哪些是客观原因？

（3）"Try，需要做出的改变和尝试"。

总结经验，根据现阶段所遇到的难题，思考自己应该做出什么样的尝试和改变。调色色彩不明白，可以进阶学习色彩相关知识；剪辑节奏遇到问题，可以尝试改变音乐风格；没有大场景的景别，可以尝试去更加空旷一些的地方取景。

复盘后，可以根据自己目前的状况调整接下来的拍摄创作。

复盘只需要确定三件事：继续做、停止做、开始做。

- 继续做：有哪些有效的举措，继续做。
- 停止做：有哪些无效的举措，停止做。
- 开始做：有哪些新的措施需要尝试，开始做。

至于复盘的频率，何时开始复盘，可以根据自己的习惯进行调整。每一个视频项目交付完成之后，可以进行单独项目的及时复盘。也可以根据自己的拍摄频率，按月或者按照季度进行阶段性复盘，还可以对于一整年的拍摄进行年度的全面复盘，如图10-13所示。

图 10-13

形成个人风格化特点是一个漫长的过程，在此期间，需要多打磨创作，实践操作，不断复盘提升创作能力。有了数量的积累和对视频输出品质的不断提升，才能够具备比较鲜明的风格化特点。